公园城市儿童游憩空间参与式设计

王玮 ◎ 著

U0206119

西南交通大学出版社
·成 都·

图书在版编目（ＣＩＰ）数据

公园城市儿童游憩空间参与式设计 / 王玮著. 一成
都：西南交通大学出版社，2022.3
ISBN 978-7-5643-8434-0

Ⅰ. ①公… Ⅱ. ①王… Ⅲ. ①城市规划 – 研究 – 中国
Ⅳ. ①TU984.2

中国版本图书馆 CIP 数据核字（2021）第 257867 号

Gongyuan Chengshi Ertong Youqi Kongjian Canyushi Sheji
公园城市儿童游憩空间参与式设计
王 玮 著

责 任 编 辑	梁 红
助 理 编 辑	李 欣
封 面 设 计	原谋书装
出 版 发 行	西南交通大学出版社
	（四川省成都市金牛区二环路北一段 111 号
	西南交通大学创新大厦 21 楼）
发行部电话	028-87600564　028-87600533
邮 政 编 码	610031
网　　　址	http://www.xnjdcbs.com
印　　　刷	成都蜀通印务有限责任公司
成 品 尺 寸	170 mm × 230 mm
印　　　张	10.75
字　　　数	161 千
版　　　次	2022 年 3 月第 1 版
印　　　次	2022 年 3 月第 1 次
书　　　号	ISBN 978-7-5643-8434-0
定　　　价	48.00 元

伴随儿童成长的游憩空间对儿童身心影响是无处不在的，也是巨大的。儿童游憩空间不是指传统意义上的、仅仅提供冰冷的游戏设施的儿童乐园。公园城市儿童游憩空间有着丰富的内涵和广阔的外延，一方面绿色场地支持儿童开展适度身体活动，另一方面还与教育尤其是非正式教育有着密切关系。游憩空间应该使儿童从感知上感到"景宜我知"，从行为上感到"景宜我用"，从认知上感到"景宜我思"，从审美上感到"景宜我情"。为了塑造公园城市游憩空间与儿童之间的协同关系，创造"景我合一"的高级形态，营造"物玩、境游、人戏"的融合场景，设计者应从系统科学观整体把握研究对象，分析儿童游憩空间物元和功能承载的"物理"，关照儿童权利观、身体观、教育观和自然观的"事理"，理解儿童具身性、知觉系统、认知发展、需要层次以及敏感期规律的"人理"。

儿童游憩空间营造是事关儿童切身利益的事务，对儿童本身和场景营城都有积极影响。但细细想来，迄今为止有关儿童游憩空间设计建设的成果，大部分都是通过"对/为儿童的研究"取得。设计者在传统规划设计里扮演操控者和决策者的角色，因缺乏使用者的参与，将有可能在事物的认知、观念与使用者上有所差异，导致在设计上无法达到实际的使用需求，因而许多时候设计无法符合使用者的真实意愿，造成使用上的不便，甚至是无人使用。此外，使用者丰富的在地生活经验是专业者所欠缺的部分。因此，一个项目案例规划设计过程，专业者所做的决策未必优于使用者的决策。有鉴于此，既然"对/为儿童设计"（Design On/For Children）未必能够反映全面的真实的儿童需求那么让儿童参与游憩空间设计过程，与儿童一起设计（Design With Children），甚至直接由儿童设计（Design By Children）就显得很有必要。

　　本书尝试构建公园城市儿童游憩空间参与式设计理论框架和方法体系。全书分为 6 章：第 1 章为相关理论概述，主要在可持续发展伦理观、生态文明发展模式、童年的社会性建构、公园城市理念探索背景下，运用多学科交叉关联分析，明确儿童游憩空间参与式设计研究意义；第 2 章为背景、对象、方法与视角，主要围绕公园城市、儿童游憩空间、参与式设计、系统科学四个方面，通过国内外文献综述研究，明确公园城市游憩空间与儿童关系、环境教育考量及参与式设计依据；第 3、4、5 章为儿童游憩空间参与式设计系统分析，主要从物理空间、阶段步骤、利益相关者三个方面构建理论框架和方法体系，并结合公园城市建设实践案例解读和启示分析进行实证和印证；第 6 章为总结，提出研究结论并展望未来有待进一步开展的研究方向和领域。

　　本书力求全面、客观地补充和完善儿童游憩空间参与式设计本体论、方法论、实践论认识，力争为儿童游憩空间创设提供借鉴参考，但受个人水平所限，难免存在诸多不足，敬请各位学人批评指正。

目 录 | Contents

PART ONE

第 1 章

相关理念概述

1.1 可持续发展伦理观

儿童承载着国家和民族的希望。国民素质的竞争是国力竞争的重要组成部分。未来世界将由今天的儿童主导，他们将决定城市的未来。儿童是创造性的存在，不仅创造了当下的自己，也创造着日后成为的那个成人。1987年，联合国世界环境与发展委员会的报告《我们共同的未来》（*Our Common Future*）正式给出"可持续发展"的定义："既能满足我们现今的需求，又不损害子孙后代能满足他们的需求的发展模式"，随之而成为世界各国及国际性组织在面对环境变迁及污染问题的最高指导原则。显而易见的事实是，自然环境遭受破坏的主要原因，是因为人们对自然的认识有偏颇以及不当的行为所致。挪威哲学家阿恩·奈斯（Arne Naess）提出"深层生态学"理论并在《环境危机与人类价值观演进》（*Environmental Crisis and the Evolution of Human Values*）一文中指出：现今环境危机最显著的原因，就是人与自然的分离，若让儿童在自然环境中学习，对于发展认知、增进知识与改变态度相信会有极大的帮助。如果要彻底改变人们对环境的看法和行为，就必须要从教育儿童着手，发展儿童对自然的知觉感悟，培养儿童珍惜自然的情感意识。

公园城市建设应该为儿童健康成长创造良好的条件和环境，充分考虑儿童环境教育的可能。《二十一世纪议程》（*Agenda 21*）明确指出：教育是促进可持续发展及提升人们解决环境与发展问题的关键。儿童是未来的主人翁，环境教育应当立足儿童一生及世代的可持续发展。这种基于可持续发展伦理观的环境教育模式可以通过实施儿童参与环境景观设计得以实现。在儿童参与与他们自己密切相关的环境景观设计时，种种亲身体验景观营建的过程，可以建立儿童与其所在环境之间的亲密联系，并且加深他们对自然的理解，促进其自然认知的发展。儿童参与有利于从小教育他们个体与自然的关系，促使他们能积极主动与自然互动，形成对自己行为负责任的习惯，具有创造性解决问题的技能、科学和社会学方面的素养，引导他们成为一个有知识、有参与的公民，并能采取负责任的个人和团体行动，确保未来环境和经济的可持续发展。

1.2　生态文明发展模式

人类发展的取向和选择必然是绿色模式，即生态文明发展模式。1962年，美国生物学家瑞秋·卡森（Rachel Carson）出版了《寂静的春天》（*Silent Spring*）一书，唤起世界各国对生态环境问题的重视。"把生态文明建设放在突出地位，融入经济建设、政治建设、文化建设、社会建设各方面和全过程，努力建设美丽中国，实现中华民族永续发展"①，党的十八大报告第一次将生态文明建设单独形成一章，着重阐述了生态文明建设的重要意义，充分表明了中国在促进环境保护与可持续发展方面的决心。

习近平总书记多次从生态文明建设的宏阔视野强调（图 1-1）"人因自然而生，人与自然是一种共生关系，人类发展活动必须尊重自然、顺应自然、保护自然"，提出"山水林田湖草是一个生命共同体"作为一种生态系统论命题，从价值基础上重置了人与自然关系的伦理前提，在对自然界的整体认知和人与生态环境关系的处理上充分肯定了自然的内在价值②。2017 年 10 月 18 日，党的十九大宣布中国特色社会主义进入新时代。2018 年 2 月 11 日，习近平总书记视察四川成都天府新区时明确

---

① 胡锦涛. 党的十八大报告[EB/OL]. http://www.xj.xinhuanet.com/2012-11/19/c_113722546.htm, 2012.
② 中共中央文献研究室编. 习近平关于社会主义生态文明建设论述摘编[M]. 北京：中央文献出版社，2017.

提出："突出公园城市特点，把生态价值考虑进去，努力打造新的增长极，建设内陆开放经济高地"①。这是新时代中国特色社会主义的城市发展战略，是党的十九大精神在城市建设领域的导引。

时代要求我们重视公园城市儿童游憩空间设计质量，作为孕育未来社会中坚的场所之一，何能自处于生态文明可持续发展潮流之外？"环境保护、人人有责"，推动公众参与环境保护，是党和国家的明确要求。新修订的《中华人民共和国环境保护法》专章对信息公开和公众参与问题做出了相应规定。环保部在 2014 年 5 月新发布的《关于推进环境保护公众参与的指导意见》中，也对环境保护公众参与内容做出进一步的具体的规定。儿童拥有参与权，如何借实施儿童参与公园城市游憩空间设计，以处处俯拾可得的环境教育实例来阐释民主参与、生态保育、节能减废、万年永续、循环不绝的教育思想，就是当前儿童游憩空间参与式设计最应着力之处。

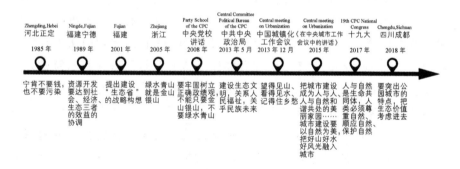

图 1-1　习近平总书记关于生态文明建设的部分论述示意

1.3　童年的社会性建构

伴随着当代人类的赋权解放和儿童权利运动，新兴儿童观及新童年社会学孕育起了儿童作为研究者的新的研究取向。传统社会学中的童年

①　习近平春节前夕赴四川看望慰问各族干部群众[J]. 党建研究，2018（03）：2-3.

研究往往把儿童视为家庭和学校社会化的目标，而社会化的目的是让儿童将来能够以成人的角色进入社会。儿童作为个体是外在于社会，只有接受来自社会的外部规训和塑造，才能成为社会的一员，才能实现自身存在的价值。相对于成人而言，儿童总是处于弱势，总是处在一种向被社会认可的成人期过渡的准备状态。无论是政策的制定者，还是为儿童提供服务的各类工作人员，或是儿童的家长都倾向于以儿童的将来——即如何更好地成为一个成年人——作为他们工作的基础，而完全忽略了作为现在时的儿童和童年期，以及现在时的儿童所具备的各种特点和能力。这样一种思路实际上否定了童年本身的价值。这种对于童年价值的看法在本质上与斯巴达时代并无二致。

新童年社会学反对这种对童年的消极认识，它是在批判传统社会化理论的基础上发展起来的，否认仅仅把童年看作一种生物学事实，否认儿童的消极地位，提倡把童年作为一种具有积极建构意义的社会现象加以研究。新童年社会学研究强调童年的社会建构性，即童年是什么实际上是社会建构的结果，而非某种本质的显现。"并没有一个不可改变的实体叫童年。童年和儿童的需要是社会建构的——它们是我们认为它们所是的样子"。从这个角度看，研究者如何看待儿童是与研究者如何做儿童研究密切联系的。如果你把儿童看成是不成熟的、无能的、依赖的、被动的形象，你就不会在研究中倾听儿童的声音；如果你把儿童看成是有价值的、独特的、有自己看法的、主动的儿童形象，你就会注重邀请儿童、与儿童一起研究，甚至是直接由儿童主导研究。换言之，新童年社会学理论思潮提倡让儿童作为积极的社会成员，参与知识的建构过程和童年的日常生活，进一步推动了"儿童参与"研究取向的研究实践开展。

1.4　公园城市理念探索

公园城市，是习近平总书记关于生态文明建设一系列论述系统化、理论化的最新成果，是社会主义新时代和生态文明新阶段关于城市建设发展模式的全新论述。作为社会主义新时代和生态文明新阶段关于城市建设发展模式的全新理念，公园城市对于开辟城市转型升级新路径、开创城市建设发展新局面具有重大的现实意义和深远的历史意义。

公园城市以公园为特色，强调园林绿地的公共属性，"为人民创造良好生产生活环境"，使"人民安居乐业"，"保证全体人民在共建共享发展中有更多获得感"。公园城市强调发挥生态价值，就要"树立和践行绿水青山就是金山银山的理念"。公园城市强调创造新的经济增长极，就要"坚定走生产发展、生活富裕、生态良好的文明发展道路"。公园城市的形态体现在"整个城市就是一个大公园，老百姓走出来就像在自己家里的花园一样"。自习近平总书记提出"公园城市"构想以来，我国已有成都、西安、石家庄、南宁、贵阳、扬州、乐山、咸宁、台州、江门等数十个不同层级的城市在进行公园城市的实践探索。公园城市是针对新时代社会发展的需求提出的，不仅为中国特色社会主义城市建设指明了方向，而且将为世界城市发展提供可资借鉴的中国范式。

优质的儿童游憩空间作为公园城市的有机组成部分，将助力加快建设美丽宜居公园城市，推动城市高质量发展，满足人民日益增长的美好生活需要。有鉴于此，本书以儿童游憩空间与公园城市的建设发展关系为核心基础，将公园城市儿童游憩空间作为新时代城市生态价值转向人文价值、经济价值、生活价值的重要载体、场景和媒介，基于 WSR 系统论，从物理、事理、人理三个方面，归纳参与式设计方法与实践，提出适合中国国情的公园城市儿童游憩空间参与式设计理论与方法，积极探索从"空间建造"到"场景营造"的转变，实现打造"人民为中心"的诗意生活的目标。

PART TWO

第 2 章

背景、对象、方法与视角

2.1 公园城市

2.1.1 公园城市的缘起

建设公园城市是城市可持续发展的必然趋势。"公园城市"的起源最早可追溯至意大利哲学家康帕内拉（Tommas Campanella）于 1623 年在《太阳城》中提出的一个幸福和谐的理想城邦。与公园城市密切相关的还有田园城市、森林城市、园林城市、生态城市等类型（图 2-1）。英国霍华德（Ebenezer Howard）于 1902 年在《明日的田园城市》中首次提出了"田园城市"的概念，把田园城市作为解决城市污染、交通拥堵等工业革命带来的"城市病"问题进而促进城乡融合的经济生态有机体。"森林城市"通常是在市中心或市郊地带，拥有较大森林面积或森林公园的城市或城市群。"园林城市"有时也称为"花园城市"，其基本内涵是在城市规划和设计中融入景观园林艺术，使得城市建设具有园林的特色与韵味。20 世纪 70 年代，联合国教科文组织提出了"生态城市"的概念，主要包括可持续发展、健康社区、能源充分利用、优良技术、生态保护等构成要素。较之田园城市、森林城市与园林城市的概念，生态城市更加注重城市生态系统的承载能力，是一种对城市生态协调运转的新尝试[①]。

---

① 史云贵，刘晴. 公园城市：内涵、逻辑与绿色治理路径[J]. 中国人民大学学报，2019，33（05）：48-56.

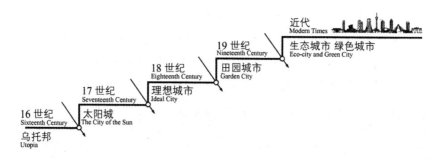

图 2-1　国外城市建设理论发展历程

中国场域的"公园城市"继承了传统山水营城思想。山水城市是我国古代城市的主要特征,《蜀川胜概图》描绘"江山登临之美,泉石赏玩之胜,世间佳境也,观者必曰如画"(图 2-2)。中华人民共和国成立以来,城市建设结合国内外经验在实践中摸索,形成了多种城市建设的模式或目标,其中经由著名科学家钱学森院士提出的"山水城市"构想最具代表性,与"公园城市"有着内在联系性和历史延续性[1]。1985 年钱学森院士从系统科学的角度探讨城市学。1990 年他在给吴良镛院士的信中提出了"山水城市"的构想,"能不能把中国的山水诗词、中国古典园林建筑和中国的山水画融合在一起,创造'山水城市'的概念?"1992年他再次明确山水城市的概念,"所谓'山水城市'即将我国山水画移植到中国现在已经开始、将来更应发展的、把中国园林构筑艺术应用到城市大区域建设,我称为'山水城市'"。在同年给顾孟潮的信中,钱学森提出"要发扬中国园林建筑,把整个城市建成为一座超大型园林。我称之为'山水城市'。人造的山水"。1993 年他对山水城市进行了具体化,"社会主义中国应该建山水城市小区,有学校、商场、饮食店、娱乐场所,日常生活工作都可以步行来往,又有绿地园林可以休息。这在小区与小区之间呢?城市的规划设计者可以布置大片森林。山水城市的设想是中外文化的有机结合,是城市园林与城市森林的结合"[2]。对于山水城市的发展阶段,他认为是从一般城市到园林城市,再到山水园林城市,最

---

① 傅凡,李红,赵彩君. 从山水城市到公园城市——中国城市发展之路[J]. 中国园林,2020,36(04):12-15.

② 钱学森. 社会主义中国应该建山水城市[J]. 城市规划,1993(03):18-19.

后到山水城市。1995 年在给鲍世行的信中，钱学森指出城市要有系统的整体考虑，"我们既讲究单座建筑的美，更讲城市、城区的整体景观、整体美"。山水城市既强调城市的生态也强调城市的文化，以生态城市作为山水城市的物质基础，以意境美作为山水城市的必要条件。

图 2-2　蜀川胜概图

新时代公园城市理念与之前山水城市理念在服务对象、空间形态、空间分配上都有相通之处，强调以人为本，强调生态价值，而且提出了对经济发展的作用，是更加综合的城市模式。习近平总书记 2018 年 2 月在成都首次提出"要突出公园城市特点，把生态价值考虑进去"的重大要求，在中央财经委员会第六次会议上，做出推动成渝地区双城经济圈战略部署，支持成都践行新发展理念的公园城市示范区。成都始终铭记习近平总书记嘱托、牢记先行先试的历史责任，2019 年、2020 年相继成功举办两届公园城市论坛，邀请专家学者针对"什么是公园城市"以及"如何建设公园城市"等基本问题进行了探讨和阐述。当前，公园城市作为一个新生事物，人们对其的认识不尽一致，一些地方政府甚至把"公园城市"等同于"城市公园"或"在城市中建公园"，因此，下文尝试综合多方观点解析公园城市的内涵。

2.1.2　公园城市的内涵

"公园城市"理念是继承中国古代城市建设思想，吸取国外城市建设经验，针对新时代社会发展的需求而提出，体现了"人民城市为人民"。公园城市是一种城市发展的转型升级，是"公""园""城""市"的系统集成[①]，

① 刘滨谊. 公园城市研究与建设方法论[J]. 中国园林，2018，34（10）：10-15.

按汉字意思来诠释:"公"对应的是公共交往功能,"园"对应的是生态环境和生态系统,"城"对应的是人居与生活,"市"对应的是产业经济活动,四个字结合起来就体现了公园城市以生态文明引领城市发展,以人民为中心,为满足人民的美好生活而服务,构建"人、城、境、业"和谐统一的城市发展新范式[①](图2-3)。作为全面体现新发展理念的城市发展高级形态,新时代公园城市具有如下四个方面的建设要义。

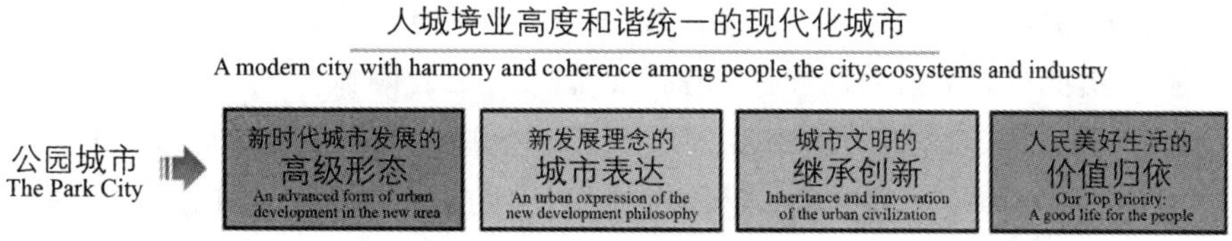

人城境业高度和谐统一的现代化城市

A modern city with harmony and coherence among people,the city,ecosystems and industry

| 公园城市 The Park City ➡ | 新时代城市发展的 **高级形态** An advanced form of urban development in the new area | 新发展理念的 **城市表达** An urban expression of the new development philosophy | 城市文明的 **继承创新** Inheritance and innovation of the urban civilization | 人民美好生活的 **价值归依** Our Top Priority: A good life for the people |

图 2-3　公园城市理念解读

（1）夯实生态本底

公园城市是以人与自然和谐共生为核心。在公园城市建设的价值系统中,生态服务被认为是最重要的价值,从生态的角度构建山水林田湖草的生命共同体,形成人与自然共生发展的新格局。过去的城市建设由于大量使用高耗能、不透水材料等,太阳辐射在白天被大量吸收并在夜晚释放从而产生城市热岛效应,雨水径流对城市排水系统造成了极大负担。然而通过建设公园城市,借助于植物的生态服务功能,确切地说是其中的调节功能能够有效降低空气温度,减少空调以及制冷设备的使用,也能调蓄径流,减少排水等灰色基础设施的建设与维护。此外,植物也具有吸收空气中硫化物、氮氧化物、PM2.5等污染物达到净化空气的效果,同时公园城市中的大量树木也被认为可以充当碳汇,有效延缓全球气候变暖的问题。所以公园城市建设能够有效改善城市生态圈,并且保障生态服务功能的提供。在建构公园城市空间格局过程中,注重对"原生态"的保护与利用,加强对"新生态"的系统化建构,以具有公共性、多样化、系统性、可达性的公园作为城市空间组织的核心,通过重构城

① 吴岩,王忠杰,束晨阳."公园城市"的理念内涵和实践路径研究[J]. 中国园林,2018,34（10）:30-33.

市空间格局的"图—底"关系，确立以生态设计为"图"、以城市空间设计为"底"的技术思维①。成都积极探索生态价值转化实现的路径机制，遵循商业逻辑、构建市场机制实现生态价值转化，创新天府绿道、龙泉山森林公园、都江堰精华灌区保护修复等重大生态工程可持续建设机制，夯实公园城市绿色本底。

（2）重塑城市形态

公园城市是美丽中国的城市表达。公园城市在建设中心转移到了生态服务功能的建设上的同时，仍需要重视的是公园城市的空间特征，延续其美学与休闲功能。城市或区域公园作为联结城乡的枢纽、城市空间形态的重要因素、与地区文化特色的实体体现，不再以仅满足各项指标为标准，而是形成完整成熟的体系。新加坡在花园城市的探索中将"园在城中"提升为"城在园中"作为了核心目标。公园在从无序走向有序布局的进程中，要求将碎片化、单一化的绿地空间巧妙地连接整合，形成错落有致、功能完整的公园系统，实现从"城市中的公园"转变为"公园中的城市"。前者只能称作公园的集合，而后者才是真正意义上的公园城市。由此，公园城市重塑城市形态的模式转变，应从公园与城市的二元对立到强调公园绿地与城市空间、城市功能的有机融合发展；从城市中建公园到公园中建城市；从城市发展的工业逻辑到回归人本逻辑；从空间建造到场景营造。具体的做法：一是合理增加绿地，优化绿地布局，提升绿地就近服务市民百姓的功能；二是加强绿地专业化精细化管养和保护，提升景观效果、生态功效等；三是按照可观赏、可进入、可享用的原则，对公园绿地、附属绿地等进行升级改造，如对城市商业区、体育场馆、车站码头等实施公园化更新，为市民提供数量更多、环境更美的绿色公共活动空间，从而构建全域公园体系，塑造"城园相融"的公园城市大美形态。

（3）延续城市文脉

公园城市是城市文明的继承创新。公园城市因地制宜地结合当地的

---

① 范颖，吴歆怡，等. 公园城市：价值系统引领下的城市空间建构路径[J]. 规划师，2020, 36（07）: 40-45.

生态底蕴与文化特色是发挥其生态与文化价值的重要举措。优良的自然生态本底与厚重的人文生态积淀是公园城市营造必须坚守的本底，也是公园城市之间互为区别的本质特征。任何城市都具有其独特的历史文化底蕴，通过城市发展的精神气质展现出来。城市文化就是人们在城市生活的长期实践中创造的物质与精神财富的集合。不同地区由于发展水平以及人们的思想价值观等不同，形成的城市文化底蕴也不同。公园城市发展就是要以自然文化资源为底蕴，结合城市的现代特色，充分打造有别于其他城市的魅力特征。"看得见山、望得见水"是要将城市融入自然中去，充分发挥它的自然文化底蕴，"记得住乡愁"则是城市传统文化与现代特色结合带来的归属感的体现[①]。在公园城市的建设中，应充分挖掘地区传统文化，利用特殊的地形地貌、乡土植物、民俗风情等城市特色要素，找准城市长期发展建设过程中积淀形成的富有特色的历史空间和城市文脉等特质基因，通过城市设计，有效地与当前城市现代化的发展特点相结合，塑造地域特征、民族特色和时代风貌，真正把自然山水、人文精神融入现代化城市建设中去。以成都公园城市建设为例，依托成都深厚的历史文化底蕴，塑造"蜀风雅韵、大气秀丽、国际时尚"的城市风貌，充分体现区域传统文化与现代城市特色的统一，避免"千城一面"。

（4）绿色生产生活

公园城市是人民美好生活的价值归依。进入新时代，我国社会主要矛盾发生了深刻变化。坚持"以人民为中心"的主导价值，突出公园城市的"公"字属性，需要从"经营城市"观念向"人—城—产"一体化的思路转变，做到共商、共建、共活、共享、共融的城市空间环境营造，强调公众参与。通过自然绿色空间的开放性、共享性营造，实现"以人民为中心"的最近就业需求（产城一体空间）、精神需求（公共交流空间）、健康需求（休闲、娱乐、健身等游憩空间）和创新需求（创造性转化空间）等。例如成都在建设公园城市示范区时，以国际化营商环境的竞争优势吸引先进生产要素集聚融合，加快构建优质均衡公共服务体系，构

---

① 赵建军，赵若玺，李晓凤. 公园城市的理念解读与实践创新[J]. 中国人民大学学报，2019，33（05）：39-47.

建"轨道＋公交＋慢性"三网融合的绿色交通体系，彰显"宜居城市"的优雅品质。紧扣"三城三都"建设，推动绿色空间与消费商圈无缝对接、生态价值转化为消费业态创新交互融合，彰显"生活城市"的烟火气息，提高公共服务体系对广大市民的保障度，提高公园城市形象品质对优秀人才的集聚度，让人才引得来、留得住、生活得好。总之，建设公园一定要坚持人民主体地位，以人为本，涵养生态、美化生活、推动转型，强化高质量发展、高标准规划、高品质建设、高水平营城、高效能治理，促进生产生活生态融合，提升城市功能品质，充分彰显公园城市人城境业和谐统一的科学内涵，更好地满足人民群众对美好生活的向往。

2.1.3 公园城市应是儿童友好城市

现实世界，儿童经济时代正在不可逆转地来临。城市综合体中人气最旺的是儿童娱乐场所，以临近名校为宣传标语的房地产开发屡见不鲜，各种大大小小的早教中心和培训机构如雨后春笋般，周末和节假日，儿童在家长的陪伴下、在各种与之有关的场景中切换。按照国际惯例，人均 GDP 达到 5000 美元，儿童经济就进入现代意义上的发展阶段。我国很多城市已达到这个标准，并且与儿童相关消费是年龄在 30～45 岁的父母消费的主要部分，与其他国家相比，我国家庭在儿童身上的投入和付出占比更大、周期更长。

时至今日，儿童代表了整个家庭的价值导向和生活方式。围绕儿童从出生到成长每个阶段的事物，成为中国大部分城市家庭的主要生活需要与追求。但研究发现，个体家庭对儿童的关注并不意味着儿童就能够拥有幸福的童年，购物中心、楼盘房地产业、校外教育机构等对儿童客群的标榜也并不意味着儿童拥有良好的成长环境。儿童的健康成长面临着由城市非生态发展带来的低效和混乱等种种系统性问题。儿童的出行安全、人身安全、儿童游憩的时间和空间、儿童学习和体验的全方位手段等，都严重地依赖城市结构、城市交通、城市规划设计和城市设施建设，而这些正是中国这个飞速进入儿童经济时代的国家的薄弱环节。

公园城市理应是儿童友好城市，恰如苏联儿童文学家尼古拉·诺索夫所言："最好的城市应该是最受孩子们喜爱的城市。""儿童友好城市"的概念在 1996 年联合国第二次人居环境会议决议中首次提出，是指致力于实现《儿童权利公约》规定的儿童权利（生存权、发展权、受保护权和参与权），无论大小的任何政府地方体系，其应在实践中从政策、法律、项目及预算方面体现儿童权益，并将儿童的根本需求纳入街区或城市的规划中。这说明"儿童友好城市"不是要建设一个儿童主导的街区或城市，而只是通过一定措施，提升原有街区或城市的儿童友好度，这实际上与公园城市建设非常契合。正如成都建设美丽宜居公园城市的宣传片中的第一句话："新的生活，是推门而出的自由"，儿童可以独自在街道上安全行走、与朋友见面和玩耍、生活在一个未受污染和有绿色空间的环境中、参与文化和社会活动、成为拥有平等地位的公民、有权不受任何歧视地获得每一种服务，这样的儿童友好城市一定是可持续发展的公园城市（图 2-4）。

图 2-4　成都 2019 年城市宣传片：公园城市，让生活更美好

图片来源：2019 年 9 月于中央电视台综合频道（CCTV-1）、中央电视台
　　　　新闻频道（CCTV-13）播出
视频链接：https://www.youtube.com/watch?v=DR4WeA-F-Us

2.2 儿童游憩空间

2.2.1 儿童游憩空间与游憩理论

（1）游　憩

游憩与每个人生活密切相关，早在 1933 年《雅典宪章》就提出游憩是城市四大功能之一，近代城市规划理论的一个重要特征就是对游憩的关注。城市是经济社会发展的产物，而游憩作为一种社会现象和一种生活行为，同样是城市发展的原动力，人类活动的一切目的根本上是为了人类自身更好地生活，而游憩形态正是衡量生活质量的重要标志。游憩（Recreation）来自拉丁语 recreatio，意思是轻松、平静、自愿产生的活动，用于恢复体力和精力。吴承照先生指出，游憩的现代意义和特征包括七个方面[①]：

① 非强制性，在闲暇时间内自愿选择或参与的活动，获得体验、愉悦和满足，是由获得个人满足的内在的动机和欲望的促使，而不是外部的目标或报酬。

② 是生活不可缺少的组成部分，促进个人和社会的发展。儿童、成人和退休老人等不同年龄阶段的人都需要游憩。

③ 具有一定的道德准则，是一种健康的、积极的体验活动。

④ 是一种状态、过程或体验，很大程度上依赖思想状态，不是做了多少而是做的原因。

⑤ 游憩活动多种多样，可以在极广阔的时空领域中发生，随时间、地域、文化、生产力发展水平、社会风气的不同而不同，为满足大众游憩要求，形成专门的游憩产业。

⑥ 需要借助一定的外在载体或活动来实现，同一载体或活动对于不同个体或群体来说，游憩体验不同。

⑦ 多元共融性，融合古今中外游憩文化，从地方性逐渐扩散为全国性、世界性。

---

① 吴承照. 现代城市游憩规划设计理论与方法[M]. 北京：中国建筑工业出版社，1998.

游憩活动从年龄的大小分儿童、青少年、成人和老人游憩。不同年龄阶段的人身体状况、心理素质、生活环境不同，相应游憩活动也不相同。在城市游憩空间建设中，儿童"游憩"常常被狭义等同"游戏"，"游憩空间"也被"游戏场"一词取代。毋庸置疑，游戏是促进儿童智力、体力发展的重要手段，是培养儿童的集体感、责任感和合作精神的有效途径。儿童的健康成长离不开健康、高质量的游戏环境。但显而易见的是，儿童游憩包括游戏活动绝非仅仅发生在游戏场中，对城市儿童来说，街道、广场、公园等公共场所是他们经常光顾并且较为喜欢的游戏场所，所以公共场所中儿童活动空间的建设质量直接影响着儿童游憩活动的质量和利用状况。

（2）公园城市儿童游憩空间

游憩空间（Recreation Space），其规划设计与模式的多样性，成为衡量一个城市生活质量的标准之一。Moore 和 Marcus（2008）在《健康的行星，健康的儿童：设计让自然进入童年的日常空间》（*Healthy Planet, Healthy Children: Designing Nature into the Daily Spaces of Childhood*）一书中指出今天的许多孩子面对的健康威胁，包括久坐行为和注意力缺陷障碍；自然游憩提供了儿童的心理、社会和身体健康的益处；提供设计环境的案例，特别是在城市地区支持儿童自然游憩，案例包括托儿中心和幼儿园、学校场地、社区公园和社区机构的创新。

城市儿童游憩空间从物理属性来讲，是指具有一定儿童游憩设施，能承载儿童游憩活动与行为功能的城市游憩空间，它是城市空间尤其是城市开放空间的一部分，是人们体验城市精神和文化的主要场所。本书主要关注公园城市建设进程中包括具有儿童游憩功能的城市自然开放空间和城市公共空间（城市人工开放空间）。从儿童游憩活动发生的场所分为室内游憩（indoor recreation）和户外游憩（outdoor recreation）。前者如看电视、阅读、参观、非正式学习等；后者如户外运动、风景观赏、野营野餐、园艺种植、阳光浴等。在英文文献中，户外游憩有两种不同的含义，一是专指在自然游憩地如国家公园从事的游憩活动，二是指在户外发生的游憩活动，前者是狭义的户外游憩，后者是广义的户外游憩，在本书有关研究中将使用后者的含义。结合目前成都市实际，在公园城市建设取得一定成果的情况下，从儿童视角出发，研究其公共空间需求，从而划分公园城市儿童游憩空间类型如下表所示（表 2-1），保障其公共空间的分配，以便为未来开展深入的研究提供参考。

表 2-1　基于公园城市建设情况的儿童游憩空间分类系统

主类 Major Categories	干类 Branch Category	支类与释义 Sabdivision Category & Paraphrase
绿道	区域级绿道	构建市域主干绿道体系，串联市域内各城市组团
	城区级绿道	在城市各组团内部成网，与区域级绿道相衔接，与城市慢性系统紧密结合
	社区级绿道	与城区级绿道相衔接，串联社区内校园、卫生服务中心、文化活动中心、健身场馆等设施
公园	自然公园	自然风景区、郊野公园等
	城区级公园	具有休息、观赏、散步、游戏、运动等综合功能，服务半径跨越市域内各城市组团
	社区级公园	指比城区级公园略小，往往供周围几个小区居民使用的游憩空间
	小区级公园	指一般存在于小区内部或小区周围主要供小区居民日常锻炼、休息、娱乐的空间
	口袋公园	指依附于建筑外的小场地，空间较小、容纳人数较少、设施较为普通
	特色公园	植物园、动物园、历史名园、艺术性公园等
社区	文体娱场馆	社区活动中心、图书馆、体育馆等
	社区公共空间	社区街道、小区广场、宅旁绿地等
	校园	幼儿园、小学、中学
文博	博物馆	自然博物馆、科技博物馆、民俗博物馆、儿童博物馆等
	美术馆	提供公共教育，服务儿童
	图书馆	公共图书馆、少年儿童图书馆、主题图书馆等
商业	主题乐园	室内主题乐园、室外主题乐园、室内外结合主题乐园
	旅游度假区	儿童友好型公共服务设施、亲子酒店、亲子民宿等
	城市综合体	儿童友好型消费场景、文化场景、校外培训机构等
交通	公共交通	轨道、公交、慢行
	私人交通	小汽车自驾

（3）儿童游憩理论

儿童游憩理论的发展经历了经典理论、近代理论和现代理论三个阶段。经典理论主要出现于 19 世纪，代表性理论有剩余能量理论、本能理论、重演理论、放松理论和成熟理论（表 2-2），这些理论建立在儿童游戏的基础上，主要是从人性的角度，解释娱乐游憩的形成机制。近代理论主要关注娱乐行为的内涵和目的，解释游憩行为的价值和意义，代表性理论有补偿理论、类化理论、发泄理论、精神分析理论、发展理论、学习理论、自我实现理论、熟悉或过剩理论、平衡理论等（表 2-3）。现代游憩理论主要包括能力动机和激励寻求两种，关注剩余行为的存在，试图解释儿童、成人或动物为什么在所有需求都得到满足之后仍然要从事或参与游憩活动。

表 2-2　娱乐游憩的经典理论[①]

经典理论	主要观点	代表人物	缺　点
剩余能量理论（Surplus energy theory）	儿童在维持正常生活外还有剩余能量需要发泄，由此产生游戏（儿童游戏是承认活动的戏剧化）。游戏是动物使用剩余能量的活动，人体能量可以储存，但容量有限，超越一定的限度就要释放	英国社会学家、心理学家斯宾塞（Herbert Spencer），德国思想家席勒（Schiller）	无法解释在体力和智力都很疲劳的情况下仍然要从事游戏活动
本能理论（Instinct theory）	遗传因素是游戏行为的动因，儿童游戏可以完善生存技巧，适应成年阶段的生活需要，游戏主要有四种形式：① 战争游戏；② 名人游戏；③ 模仿或戏剧性游戏；④ 社会游戏	德国心理学家格罗斯（Karl Cyoos），20 世纪初广为流行	忽视了人的学习能力
重演理论（Recapitulation theory）	儿童是从动物向人类进化的一个环节，游戏是个体重新体验人种发展的历史（祖先的动作和活动）	德国心理学家格罗斯（Karl Cyoos），20 世纪初广为流行	游戏不能再现物种的线性进化

① 艾沃·F·古德森. 环境教育的诞生[M]. 贺晓星等，译. 上海：华东师范大学出版社，2001：19.

续表

经典理论	主要观点	代表人物	缺　点
放松理论（Relaxation theory）	游戏不是发泄能量，而是在工作疲劳后恢复精力的一种方式，人类需要有利于身体和精神健康的活动来解除紧张工作带来的压力	德国拉察鲁斯（M. Lazars），裴茄·克（George Patrick）	
成熟理论	游戏是儿童操作某些物品进行的活动，不是本能，而是一般欲望的表现，引起游戏的三种欲望：排除环境障碍获得自由，发展个体主动性的欲望；适应环境与环境一致的欲望；重复练习的欲望	荷兰生物学家、心理学家博伊千介克（F. Buytendi jk）	

表 2-3　娱乐游憩的近代理论[①]

近代理论	主要观点	代表人物	缺　点
补偿理论（Compensation theory）	在工作中的不顺心通过娱乐来满足心灵的需求		忽视了学前儿童，假设工作是有害的
类化理论（Generalization theory）	在工作中的积极体验会延伸到游憩活动		排除了学前儿童的游戏，假设工作至少某些方面是有益的
发泄理论（Catharsis theory）	把不满的情绪引到社会可接受的活动上来发泄		不能解释游憩能够放松的原因，对娱乐的认识狭窄，忽视游憩的其他效应
精神分析理论（Psychoanalytic theories）	以充满娱乐的方式来重复一些强烈不满的体验，补偿现实生活中不能满足的欲望	奥地利弗洛伊德（S. Frell），新精神分析学派艾里克森（E. H. Erikson）	偏重儿童潜意识，娱乐的社会性未受到重视，不能预测未来的行为

---

① 王晓梅. 瑞吉欧·埃米利亚学前教育方案的生态学启示[J]. 教育探索，2012（2）：153-155.

续表

近代理论	主要观点	代表人物	缺　点
发展理论（Developmentalism theory）	游戏是儿童心理、智力发展的结果，游戏反过来增加智力复杂性，不同智力阶段游戏方式不同	皮亚杰认知结构论	
学习理论（Learning theory）	游戏是一种学习行为，儿童经验的积累会变得更复杂，甚至类似成人行为	美国心理学家桑戴克（E. L. Thomdike）	
自我实现理论（Self-expression theory）	娱乐是人们自我表达动机的结果，人类作为积极的、精力充沛的动物，需要找到释放能量的途径，利用他的能力，表达他的个性。影响游戏行为的因素有：① 生理或解剖结构；② 任何给定时刻的适应性强度；③ 心理倾向或偏好。人类各种愿望不断改变游戏的态度和习惯	教育家 Elmer Mitchell 和 Bernald Mason	
熟悉或过剩理论（Familarity or spillower theory）	个体一般选择熟悉的、较少冒险的、更多成功机会的游憩活动		
平衡理论（Balance theory）	人们选择多种游憩活动在于保持生活的平衡，这种平衡可能是身体的、心理的或社会的，孤独生活的人选择社会互动，从事脑力工作的人从事体力活动来维持平衡		

2.2.2　儿童游憩空间与儿童福祉

（1）助益儿童身体健康

创建优质的公园城市儿童游憩空间对儿童身体健康（包括身体活动、发育和功能之间的联系）有很大助益。近年来从医学、生理卫生等角度所收获的研究成果比较丰富。相关研究指出，许多儿童和青少年缺乏维生素D，应该多到户外活动增加日光直接照射。在自然环境中玩耍，不仅促进儿童的运动能力（平衡性和协调性）发展，还能预防维生素 D 缺乏并发症。近几十年来，近视或弱势已成为越来越普遍的儿童疾病。尽管导致近视的原因仍然不明确。悉尼大学（The University of Sydney）的 Gopinath等（2011）通过调研儿童的身体活动、久坐行为和视网膜微血管尺寸之间的关系，指出儿童花更多的时间在户外运动，减少看电视的时间，就能拥有更好的视网膜微血管结构，降低患近视的可能性。儿童肥胖也是不容忽视的问题。加州大学伯克利分校（University of California，Berkeley）的Jennifer Wolch（2010）研究指出：儿童更多地接触公共空间、公园绿地和游憩项目，随着时间推移，体重指数（BMIs）不会明显增长。随后，莱斯大学（Rice University）的 Kimbro 等（2011）调研了户外玩耍和看电视与儿童体重之间的联系，以及儿童居住环境质量与他们活动之间的联系，研究数据取自美国主要城市约 1 800 名 5 岁儿童。研究表明，儿童在户外更多玩耍和更少看电视，可以有效降低体重指数。加州大学洛杉矶分校（University of California at Lost Angeles）的 Rahman 等（2011）检视了有关少年儿童为何频繁进入快餐店，以及可以从参与社区或学校花园项目活动来获得益处，指出通过改变游憩环境有助于儿童更加活跃，吃更加健康的食物，并能形成针对儿童肥胖问题的长期的、积极的解决方案。

英国代谢科学研究所（the Institute of Metabolic Science）的 Jones 等（2009）调查儿童身体活动的环境支持。研究人员使用全球定位系统（GPS）接收器，对来自英国诺福克的城市和农村地区的 100 名 9～10 岁的儿童，开展为期 4 天的夏季跟踪定位和身体活动测量。研究发现城市儿童在花园和街区等公共环境中最活跃，并开展丰富多样的身体活动，而农村儿童最常开展身体活动的地方是农田和草地。Cooper（2010）跟进使用全球定位系统接收器记录英国超过 1 000 名 11 岁左右的儿童在户外活动的情况，并与加速度计测量儿童体力活动的数据相匹配，以获得信息。研究显示花更多的时间待在户外的儿童更具身体活力。以往研究表明，在中学年龄阶段的儿童体力活动明显下降。为了获得额外的洞察可能与此体力活动下降有关的内部因素，北卡罗来纳大学(the University of North Carolina，Chapel Hill) 的 Evenson 等（2010），选取美国 6 个州的 36 所学校中近 850 名女生，让其在连续 6 天里随身携带加速度计，并完成一份有关游憩空间行为的调查问卷。研究表明户外玩耍有助于减少青春期女孩身体机能下降。布里斯托大学（University of Bristol）的 Wheeler 等（2010）针对户外绿地、户外非绿地、室内空间三种不同环境开展儿童身体活动研究。研究者检测了约 1000 名年龄在 10～11 岁的儿童，让其连续 7 天佩戴加速度传感计，并用 GPS/GIS 接收器连续 4 天收集其从放学到睡觉前的活动区域信息。研究表明绿色空间让儿童拥有更高的体能水平。

社区游憩空间设计能促进和支持儿童的身体活动，让儿童更健康。邻里公园、绿色游戏场、开放校园空间、社区公共空间等在促进儿童身体活动中发挥重要作用。滑铁卢大学（the University of Waterloo）的 Potwarka 等（2008）研究指出，住家附近有游戏场地的儿童拥有健康体重指标。迪肯大学（Deakin University）的 Timperio 等（2008）研究指出，公共开放空间的特征可能会影响儿童的身体活动。西安大略大学（University of Western Ontario）的 Tucker 等（2009）研究认为社区康乐设施对孩子的身体活动水平产生积极的影响。北卡罗来纳大学（the University of North Carolina，Chapel Hill）的 Boone-Heinonen 等（2010）研究指出儿童居住在近公园和游憩空间的地方会更积极参与体育运动并具有较高水平的中等到剧烈的身体活动。阿尔伯塔大学(the University of Alberta) 的 Carson 等（2010）研究指出，儿童生活在家长认为的拥有良好的公园和人行步道的社区，将会减少从事基于屏幕行为的时间，并有更多身体活动，而且更愿意步行或骑自行车上学。迪肯大学（Deakin University）的 Veitch 等（2011）年通过调查研究归纳出如果儿童生活在具有某些环境特征的邻里社区，他们的久坐行为将会减少。

儿童一天在学校度过的时间最长，绿色校园游憩空间改善儿童身体健康。塔斯马尼亚大学（University of Tasmania）的 Dyment 等（2008）研究指出校园绿地能够提高小学生身体活动的数量和质量。土耳其安卡拉大学（Ankara University）的 Ozdemir 和 Yilmaz（2008）调查了儿童校园环境的物理特征、儿童的态度、身体活动和体重指数，认为校园规模和游憩空间质量影响儿童的满意度和体重。Dyment 等（2009）研究了学校场地设计与儿童身体活动水平之间的关系。研究人员收集了来自加拿大和澳大利亚的两所小学的信息。选择澳洲学校是考虑其多样化的游戏区域，而选择加拿大学校则因其长期开展校园绿化。研究者重点观察了两所学校的学生在课余的玩耍行为的位置和强度（久坐，适度活动，或积极主动）。研究人员发现，两所学校的学生多数都集中在绿地和有铺装的公共空间开展活动。约翰摩尔斯大学（John Moores University）的 Ridgers 等（2010）研究指出，诸如森林学校等在绿色环境中开展的课程（图 2-5），可以让儿童和家长在自然环境中玩耍增加并带来诸多益处，例如：儿童亲社会交互活动增加了 7.8%；儿童参与更多的中等及以上强度的身体活动；对自然环境的知识和理解有所增加；家长改变了以前他们对孩子户外活动的限制，并愿意做更多的努力与他们孩子一起在户外环境中开展游憩活动。

图 2-5　美国西雅图森林学校课程活动

（2）助益儿童心理健康

许多研究已经发现城市生活增加了心理健康问题的风险，如焦虑和情绪紊乱，这些问题被认为与城市环境带来的压力有关。康奈尔大学（Cornell University）的 Nancy Wells（2003）研究发现植物、绿色景观和便捷的自然游憩场地对减轻高压儿童的压力有更积极的作用。海德堡大学（University of Heidelberg）的 Lederbogen 等（2011）选取来自城市、城镇、乡村的 32 名健康志愿者，运用功能性磁共振成像法（fMRI），通过分析数据，发现人们成长在城市或乡村的不同环境，影响他们的扣带皮层部位（pACC），无论人们目前居住在哪里，只要在城市中生活的时间越长，在压力之下 pACC 就更加活跃。这个研究也许因其小样本尺度无法证明因果关系而存在一定局限性，但它提供了一个新的重要的理解：不同的生活环境，应对社会压力，导致不同的神经反应，但是自然活动可以舒缓神经紧张症状，减少儿童的压力，提供心理益处。青少年儿童，在他们十几岁时，极易面临心理健康问题。多项研究已经发现，与自然接触，在自然环境中进行身体活动，有人称之为"绿色运动"，可以提高心理健康。埃塞克斯大学（University of Essex）的 Wood 等（2011）评估了青少年户外体验项目（YOE）对儿童的福祉的影响，通过向 11～18 岁的少年儿童提供参与一个有组织的为期 12 周的户外活动项目的机会，研究者让 114 名参与者完成一份问卷，通过数据分析，发现户外体验项目提高了少年儿童的身心健康、安全感、满足感。

Taylor 等（2001）撰写的《应对 ADD：令人惊讶的连接绿色游憩场地》是一项探索注意力缺陷症（ADD）与自然的潜在联系的早期研究，阐释了通过自然活动舒缓 ADD 症状。在美国，有大概 4.4 万儿童被确诊患有注意缺陷多动障碍（ADHD）。伊利诺伊大学香槟分校（University of Illinois at Urbana-Champaign）的 Taylor 和 Kuo（2009）调查了三种不同的户外环境（城市公园、市中心区和住宅区）对 7～12 岁被确诊为 ADHD 的儿童的影响。实验设定每个儿童在三种不同的户外环境中参加 20 分钟的引导式漫步，之后进行一项注意力集中度测试，并回答有关体验的若干问题。通过分析数据发现，比起其他两种场地，在公园场地中漫步后的儿童的专注度更高。除此以外，儿童评价他们在公园里的经历也更积极。研究者提出注意力恢复理论（Attention Restoration Theory），建议在 ADHD 治疗中使用自然的潜力。Taylor 和 Kuo（2011）随后通过实验研究考察了儿童日常或几乎每天造访绿色空间是否会减轻其病症。研究者从 421 位家长的网络调查收集数据，这些被调查者均有着 5~18 岁年龄段大小身患 ADHD 的孩子。家长提供在过去一周的大部分时间里他们的孩子在哪里玩耍的信息和他们的孩子的 ADHD 症状的轻重。通过分析数据，发现经常在绿地环境中玩耍比在建成的室外和室内环境中玩耍更有利于缓解儿童的 ADHD 症状。这项研究也许因其依赖家长的报告和其是相关性（不是因果）研究，所以有一定的局限性。然而，它是第一个大型研究，对该领域研究的不断深入做出了宝贵贡献。

苏格兰可持续发展研究中心（Sustainable Development Research Centre in Scotland）的 Muñoz（2009）普遍地回顾了涉及户外使用和健康的研究和政策，然后深入地探讨了儿童使用户外场所与健康之间的关系，分析研究有关儿童游憩空间的设计，自然空间的获得，在儿童教育中运用户外空间，以及研究相关的人和制约因素。荷兰马塔瓦绿道户外探索中心（Outdoor Discovery Center Macatawa Greenway）的 Trent Brown 等（2011）考察了一系列户外课程提高儿童健康心理和认知功能的措施。研究对象为 100 位 3~5 岁的幼儿园学生，分为接受自然环境干预的实验组和不接受干预的对照组。研究者测量儿童的血压、体质指数（BMI）、活动偏好、自我效能感和早期读写技能。通过分析数据，发现幼儿在自然干预项目中比起对照组的学生的自我效能感和早期读写技能都有显著提高。这项研究将在未来几年继续推进，提供有关自然项目对学生的长期影响的重要信息。约翰逊基金会（Robert Wood Johnson Foundation）在美国小学校长协会的协助下开展了一项全国性的调查，通过 1951 位来自城市、郊区和农村小学的校长了解其对课下儿童的校园游憩行为的态度和经验。超过 80%的校长声称，校园游憩对学习成绩产生积极的影响；75%的校长指出，学生在校园游憩后，上课注意力更集中并更专心听讲；超过 95%的校长相信，校园游憩积极影响学生的认知能力、社交发展和总体幸福感。小学校长高票赞同校园游憩对学生的成绩、学习和发展产生积极影响。一些校长已确定了创建优质的户外活动环境（图 2-6）、配备额外管理职员，以此为途径改善学校的课间休憩活动。

图 2-6　美国小学校园户外运动场地

（3）助益儿童综合福祉

优质的儿童游憩空间支持儿童生活品质，包括：健康和幸福感、社会和社区的价值、经济价值/影响、环境价值以及规划和设计。澳大利亚迪肯大学（Deakin University）的 Maller 等（2002）展示了从接触自然中获得健康和福祉的益处，并强调公园的设置，特别是在城市地区，扮演着让人们能够接触自然的重要角色，鼓励重构大众对环境景观的观点，不仅提供休闲和运动，更应强调全方位的身体、精神和社会健康效益，包括观察自然、在自然界中生存、与植物接触、与动物接触等。Townsend 和 Weerasuriya（2010）讨论关于为什么和如何将自然和人类福祉联系起来的重大理论，包括天性热爱生命假说和注意力恢复理论，针对儿童回顾了景观的特殊形式及其精神治愈功能，包括当地的公园、森林和花园。耶鲁大学（Yale University）的 Stephen R. Kellert（2005）以"自然与儿童发展"为主题专门撰写了一章，在充分引证前人研究的基础上，结合他自己的原创性研究，形成了一个功能强大的合成，展示了我们所知道的和我们所不知道的有关自然对儿童健康发展的重要性。Kellert 陈述："在自然中玩耍，特别是在关键的儿童中期，对于创造力、解决问题的能力，以及情感和智力发展似乎是一个特别重要的时间。"他的综合研究成果指出，应在年龄适当的时候获得最佳的学习机会，与自然之间的直接型、间接型、替代型接触体验是很不相同的，它们对儿童的益处是逐级递减的。宾夕法尼亚州立大学（Pennsylvania State University）的 Mowen（2010）综合研究了有关公园、游乐场等儿童游憩景观和健康、积极的生活方式之间的关系，总结部分强调未来研究领域需要持续建构与公园和积极生活相关的证据基础。

很多环保教育计划努力积极影响儿童的环境行为。美国华盛顿未来资源管理部门（Resources for the Future, Washington DC）的 Godbey（2009）探讨户外休闲涉及的具体的儿童福祉问题，以及应对这些挑战如何花时间游憩更有益于儿童。调研儿童与自然的联系和影响儿童户外游戏的变量，讨论不同的测量身体活动和参与户外休闲的方法，并从公园视角探视户外参与活动的最近趋势，强调具体研究的空白，这有助于指导今后的工作。得克萨斯 A&M 大学（Texas A&M University）的 Duerden 等（2010）采用调查、焦点检测和观察评估 108 名高中生参与一项国际浸入式环境教育项目的体验过程，包括一个预备项目（间接体验），一个 7 ~ 14 天的现场直接体验（workshop），和一个后期环境景观服务计划。通过分析数据，研究者发现：儿童的间接体验导致了环保知识的增强，而他们的直接体验导致态度和行为的发展；环境态度对儿童的环境行为有更强大的影响，当经过直接体验后，儿童的环境知识和环境态度都同时提升并共同作用于环境行为。由此可见，儿童直接体验的自然对儿童的影响至关重要。虽然有很多环保教育计划，但少有研究检视非正式的户外环境教育计划（课下体验计划）对儿童的环保取向的影响。佐治亚大学（University of Georgia）的 Larson 等（2010）针对该研究领域的缺失，进行了探索性研究，调查儿童在性别、年龄和种族方面的环保取向的差异，以及评估非正式的户外环境教育计划对儿童的环保取向为期一周的影响。研究者随机选取来自该州 Athens-Clarke County 的 133 名 6 ~ 13 岁的儿童，测量其环境取向，包括生态亲和性和环保意识，以及在参加项目之前和之后的环境知识情况。研究发现，儿童环境取向在性别方面没有区别，所有性别、年龄和种族的儿童在参加了该体验项目后，儿童在生态亲和力和环保知识方面得分显著升高，表明非正式的户外环境教育计划在提高儿童的环保取向方面的潜在积极影响。

儿童游憩空间需要适宜地规划设计。伊利诺伊大学香槟分校（University of Illinois at Urbana-Champaign）的 Kuo（2010）回顾了与大自然接触提供给我们身体、精神和社会健康益处的证据，还从文献中总结出更深入的研究主题，如绿色环境必须经过塑造以形成积极的健康影响，以及接触自然可以采取许多形式和不同程度的接触。杜伦大学（Durham University）的 Jack（2010）回顾了儿童如何使用空间，儿童使用空间的各种影响因素（从个人到家庭和社区），以及如何利用空间影响场所依赖，强调三种社会政策方法（放任自流、以服务为导向和以空间为导向）和在英国开展的相关项目及其对儿童独立使用当地环境产生的影响结果。2015 年笔者在美国访学期间，参与北卡罗来纳州大学与公立中小学合作的 Workshop 发展项目，其师生共建生态校园，保存与表现各地区既有的文化、风土特色，有效利用既有自然环境资源，推展邻里社区总体营造的可持续发展模式让人很受触动。继而深入了解来自美国非营利性组织 EMEAC 的 Detroit 参与式校园景观设计项目和加拿大生物多样性研究所 CBIU 举办的最丑陋校园改造竞赛。可以发现，在北美城市规划设计工作者们运用参与式设计以创造新的社区户外空间的同时，各地的环境心理学、教育学工作者也正在推进让少年儿童参与相似的利用园艺工程改善城市环境的项目。这些亲身经历可以建立儿童与其所在环境之间的联系，并且加深他们对自然的理解，从而有利于未来自然生态环境的保护与管理。

2.2.3 儿童游憩空间与环境教育

儿童受益于与户外和自然的接触，上文着重从游憩空间对儿童身体健康（包括身体活动、发育和功能之间的联系）、心理健康（包括心理和认知表达及功能的关系）、综合福祉（儿童发展终身益处、对待环境的态度和行为等）三个方面的助益开展论述。然而，对于当下的中国家长而言，还有一个普遍关注的焦点，那就是教育问题。因此，下文将从环境教育历史发展的角度切入，探讨儿童游憩空间与儿童教育的关系。

世界教育的发展史也就是人类社会不断对教学环境进行创造、发展、改善和优化的历史。环境影响人的发展是一个古老的教育命题，西方近代教育家夸美纽斯、卢梭等都曾对人与环境的关系发表过精彩的言论，对我们今天的研究仍有着积极的借鉴意义。但是由于时代的局限，历史上教育先贤们对于环境与人的关系的认识多是从感性和经验出发，他们没有也不可能对教学环境问题进行全面、系统、深入、实证的研究，因而更谈不上科学地揭示环境影响人的内在机制了（田慧生，1995）。

在欧洲工业革命时期，为儿童创造特殊自然景观的需求首次形成（Dannenmaier，1998）。关于工业革命广泛使用机器驱动替代手工劳作的起始日期，不同专家有不同的见地，相关讨论持续至今。这段时期，伴随城市增长并且消耗周边的自然和资源，在生活方式和景观方面都引发了巨大的改变（Rempel，2005）。这种景观的改变，还有人们从乡村大规模迁移到城市，让许多孩子的生活失去了以往周边围绕的自然环境。同时代的专家学者认为儿童被从身体上、精神上和道德上剥夺了享受自然的权利（Dannenmaier，1993）。A Child's Garden 认为，文化的影响力在揭露人类滥用技术破坏了生态环境的可怕前景中起到了重要作用，文学作品在这个时段反映了对儿童与乡村生活分离的批判态度。Johanna Spyri 创作的儿童小说《仙蒂》（Heidi）中的主人公就是这样一个典例。Frances Hodgson Burnett 在《秘密花园》（The Secret Garden）中用了相似主题。不仅仅是这一时期的文学作品展示了自然在教化、治愈和形成儿童能力方面具有神奇的魔力。工业化时期的德国教育家福禄贝尔（Friedrich Froebel）在 1837 年创建了幼儿园（Kindergarten），其最初的语义即为"儿童花园"。这些幼儿园的校园建设的主旨被设定为游戏场所应该模拟儿童被剥离的乡村田野生活。该项目将植物和动物与建造材料和游戏道具一并融合，让儿童活动在有经验的教育者们的指导下有效开展（Dannenmaier，1998）。1856 年，德国人迈耶舒茨（Margaretha Meyerschurz）在威斯康星州的维特镇，建立了美国第一所真正意义上的"幼儿园"——福禄培尔式德语幼儿园，着力打造森林花园般的室外环境。由此可见，尽管工业化时期给儿童生活带来方方面面的不利影响，但是这些危害并没有不被重视，相关研究者们也在尝试一些有利于儿童发展的创新举措。

20 世纪初，英国的乡村学习是环境学习的前身，英国教育局发起乡村教育运动，增加学生对日常乡村生活环境更理性的认识，也教会学生如何观察自然，使学生更能精心关爱自然环境①。意大利教育家蒙台梭利（Maria Montessori）在 1907 年创办了"儿童之家"，十分重视环境对儿童成长的影响作用，让儿童大部分时间在室外的大草坪上自由玩耍。之后陆续出版了《蒙台梭利方法》（1909 年）及《童年的秘密》（1936 年）在欧美各国广泛传播蒙台梭利教育法。这一时期，在技术上对自然、社会的利用能力的变革，促成专为体育活动构建的人造游戏设施成为儿童室外空间设计的主要焦点。从 1905 到 1909 年，建造了数以百计游戏设施占据儿童们的游戏场地，早期模拟自然的思想因为这些钢铁构造物而被摒弃。这些构造物虽然给儿童提供了更多的户外活动选择，但也在某种程度上忽视了儿童对自然环境的需要，而且比起在以植物为基地的游戏场地中玩耍，需要付出更多在安全性上的关注。这也是现今的儿童玩耍空间所呈现的显著弊端。同时代的 Gertrude Jekyll 不随大流而行，仍然专注于以儿童体验为主的学校花园主题设计，其著作 *Children and Gardens*，推荐了一种包含工作厨房、储藏室、客厅和纱网门廊的游戏屋。起初这个玩耍空间被精心设计的目的是通过环境教育培养儿童的家政能力。当然，这不是一种能被每个孩子都接受的概念。但 Jekyll 的理念是基于通过童年时期建造乡村城堡、剧场和藏身之所，让孩子们体验永恒的艺术。按照哲学家 David Sobel 的观点，对于 8~11 岁年龄段的儿童而言，有着特别强烈的建造欲望。Sobel 指出，这种欲望可能代表一种情感蜕变，以帮助孩子发展自我意识（Nixon，1997）。

严格说来，系统、科学的教学环境研究发端于 20 世纪 30 年代中期，心理学家库尔特·勒温（Kurt Lewin）和托马斯·魏德（J. Thomas Wade）的有关研究拉开了教学环境研究的序幕。Lewin 在关于心理动力场理论的研究中提出了一个著名的行为公式：$B = f(P, E)$，意即行为是人和环境

---

① 艾沃·F·古德森. 环境教育的诞生[M]. 贺晓星等，译. 上海：华东师范大学出版社，2001：19.

的函数。这一公式第一次从心理学的角度对人的行为与环境的关系进行了深入研究，进行了较为科学的表述，并揭示了其内在函数联系。勒温的这一研究成果给后人研究教学环境以极大的启示，因而被誉为教学环境研究的"先驱"。1935 年出版的《作为学生环境一部分的中学测量》是美国哥伦比亚大学师范学院的 Thomas Wade 博士同全美 634 名校长合作并对 34 个州的中学进行调查的总结，其中涉及对校园物质环境测量和评价的内容，为后世研究教学环境提供了良多启示。

第二次世界大战后迅速恢复和发展经济，乡村学习得以重新界定，教师和教育工作者继续探索利用乡土环境展开教学的新教育方法。1948 年，托马斯·普瑞查（Thomas Pritchard）在国际自然和自然资源保护协会（IUCN）大会巴黎会议上首次提出"环境教育"（Environmental Education）一词，标志着"环境教育"的诞生。20 世纪 50 年代末开始，出于国际竞争的需要，美国开始考虑全面提高教学质量，校园环境景观作为教学环境的一部分成为人们起始探索和研究的对象。在美国密歇根大学（The University of Michigan）的建筑研究实验室主持的大型课题"学校环境研究"（School Environments Research，简称 SER）中，建筑学的专家学者及工程技术人员对学校的空间、温度、光线、声音等物理因素对学生学习过程的影响做了深入研究，同时，还在一般意义上探讨了校园环境景观与学生的互动关系。这一时期的意大利，洛里斯·马拉古兹（Loris Malaguzzi）带领着瑞吉欧·艾米利亚（Reggio Emilia）城市的居民在战后的废墟上，靠着自己的双手一点点建立起新的属于当地居民自己的学校。瑞吉欧环境景观学校包括户外入口、长廊、花园、树林等，时刻渗透着人类发展生态学强调的"将儿童的发展置于各种生态关系之中"的价值取向[1]，强调儿童在与环境的互动中积极建构其知识体系，强调环境是课程设计和实施的要素，是儿童与儿童之间、儿童与成人之间、儿童与物之间互动的关键性因素，是瑞吉欧教育中的"第三位"教师[2]。

---

① 王晓梅. 瑞吉欧·埃米利亚学前教育方案的生态学启示[J]. 教育探索，2012（2）：153-155.

② 缪胤，房阳洋. 蒙台梭利教育和瑞吉欧教育之比较研究[J]. 学前教育研究，2002（5）：38-41.

现代意义上的"环境教育"缘起和发展于 20 世纪 60 年代西方发达国家的"生态复兴运动"。1962 年,《寂静的春天》出版,标志着该运动的兴起。1965 年,在基尔大学举行的一次会议上,英国首次使用"环境教育"一词,研讨乡村学习、自然教育有关问题,并就教育与环境做出了很多阐释和建议,指出:"需要用积极的教育方法去鼓励人们对自然环境的认识和理解,以使每个公民都具有责任感。"[1] 1968 年,联合国教科文组织"生物圈会议"在巴黎召开,提出了教育计划建议:"应该推动中小学环境学习的建设。"[2] 1970 年,日本将"公害"一词编写入《小学学习指导大纲》中,并将"培养尊重生命的态度"作为小学教学的首要目标。同年,美国内华达环境教育国际工作会议的召开及给"环境教育"的首次定义,引领国际环境教育的前期发展。美国受内华达会议的影响,率先颁布《环境教育法》,从法律上明确规定了政府在推动环境教育发展过程中的责任[3]。1972 年在瑞典的斯德哥尔摩召开的"联合国人类环境会议"是人类历史上具有里程碑意义的环境保护事件。这次会议指明了环境教育的跨学科性质,在著名的《贝尔格莱德宪章》中指出环境教育"为每一个人提供机会和获取保护和促进环境的知识和价值观、态度、责任感和技能,创造个人、群体和整个社会环境行为的新模式"[4]。70 年代早期,按照"在环境中或通过环境的教育"(Education In Or From Environment)理论[5],一些革新性的学校开始运用能够为学校和社区提供丰富的玩耍和学习机会的软环境替换掉沥青铺装的游戏场[6]。美国 Berkeley 下城的 Washington 小学与地方组织合作,创建了一个"Environmental Yard"。该场地一半的

---

[1] Ivor F. Goodson. 环境教育的诞生[M]. 贺晓星等, 译. 上海: 华东师范大学出版社, 2001: 1-4.

[2] John Huekle, Stephen Sterling. 可持续发展教育[M]. 王民等, 译. 北京: 中国轻工业出版社, 2002: 19-23.

[3] William P. Cunningham. 美国环境百科全书[M]. 张坤民等, 译. 长沙: 湖南科学技术出版社, 2003: 17.

[4] 徐辉等. 国际环境教育的理论与实践[M]. 北京: 人民教育出版社, 1996: 17.

[5] Palmer J A. Environmental Education in the 21st Century: Theory, Practice, Progress and Promise[J]. Environmental Education in Century Theory Practice Progress & Promise, 1998(100): 40-41.

[6] Palmer J A. Environmental Thinking in the Early Years: understanding and misunderstanding of concepts related to waste management[J]. Environmental Education Research, 1995, 1(1): 35-45.

沥青地面变成了丰富多样的生态群落，在当地极为典范。比之以往的游戏场，"Environmental Yard"有着诸多令人信服的益处，许多革新性的学校和社区纷纷效仿，运用这种模式建设类似的动手实践的学习环境[1]。景观建筑学的教授和游戏学习环境的设计专家 Robin Moore 以及教育学家 Herb Wong 博士发现，当把学校的庭院从沥青铺装变成充满植物和池塘的 Environmental Yard 之后，学生们的攻击性行为也大大减少，随之而来的是发挥想象力和创造力的社会交互活动日趋增多（Chawla，2002）。

20 世纪 80 年代以后，环境教育研究得到了迅速发展，对形成全球范围的环境教育潮流产生了积极影响[2]。美国的 H.R.亨格福德博士于 1980 年提出了环境教育目的，包括四个层次：① 生态学基础水平；② 概念意识水平；③ 调查和评价水平；④ 环境行为技能水平，继而被联合国教科文组织、联合国环境规划署认可并推荐给世界各国。1987 年，联合国世界环境与发展委员会（WCED）发表了著名报告《我们共同的未来》，也称《布伦特兰报告》，给出"可持续发展"普遍定义。1988 年，联合国教科文组织（UNESCO）提出"为了可持续发展的教育（EPS 或 ESD）"。同年，欧共体通过了《欧洲环境教育决议》部长会议，对"采取具体步骤推动环境教育，使之通过各种渠道在欧共体推广"取得了广泛共识。作为一件重要的国际事务，环境教育引起国际社会的广泛和高度重视，已从西方发达国家逐渐向世界范围扩张[3]。环境教育对学校建筑和校园环境景观提出更多的需求，校园功能和设施也逐步趋于复杂和精细。随着学校建筑单体功能的增加和群体的组合，校园环境景观形成了越来越丰富的室外空间。此时的设计关注点主要集中在校园环境景观生态原则下的使用层面和美观层面的综合考量[4]。

---

[1] 崔文霞. 项目学习树美国环境教育的伟大创举[J]. 环境教育，2003（1）：22-24.

[2] 徐辉等. 国际环境教育的理论与实践[M]. 北京：人民教育出版社，1999：13.

[3] Constantina Skanavis, Evelina Sarri. World Summit on Sustainable Development: An environmental highlight or an environmental education letdown?[J]. International Journal of Sustainable Development & World Ecology, 2004, 11(3): 271-279.

[4] Alistair Stewart. Whose Place, Whose History? Outdoor environmental education pedagogy as 'reading' the landscape[J]. Journal of Adventure Education & Outdoor Learning, 2008, 8(2): 79-98.

21世纪90年代以后，国际环境教育走向"可持续发展教育"阶段，提出了"绿色校园（Greening Campus）"的概念。1991年，IUCN、UNEP和WWF在世界各地共同发布《保护地球——可持续生存战略》，对WCED定义的"可持续发展"重新进行了更加具体的界定："在作为支持生活基础的各生态系统容纳能力限度范围内，持续生活并使人们生活质量得到改善"，拓展了环境教育的视角，认为"可持续生活的教育"是环境教育的新近方向[①]。1992年在巴西的里约热内卢召开的第二次人类环境会议"联合国环境与发展大会（UNCED）"，大会通过的《21世纪议程》，指出教育对促进可持续发展和提高人们解决环境和发展问题的能力，具有至关重要的作用。1993年，日本政府颁布《环境基本法》，明确了环境教育的法律地位，次年12月，制定并公布《环境基本计划》，使《环境基本法》的理念得以具体化[②]。同年，澳大利亚发表《P-12：环境教育课程指南》，提出了环境教育更广泛的概念、目的和目标[③]。通过长期的环境教育实践，德国教育界对环境教育的认识已从早期的"因为人们掌握环境知识才会保护环境"转变为"因为人们热爱环境才会保护环境"，即"突破了原先的知识本位的环境教育，更为关注学生的环境情感目标"。在各级教育行政部门的努力下，开发了"渗透型的课程组织模式"，在非政府组织和大学的帮助下，大力推行户外教育活动，并借助一些环保类项目促使中小学生在探索过程中培养环境意识、价值观和环境道德，从而有效提高学生的综合环境素质，实现环境教育的预期目的和目标[④]。1994年由欧洲环境教育基金会（FEEE）提出并推行的"生态学校计划"，旨在将环境教育与整个学校的管理和教育教学活动结合起来，鼓励学校"为了环境"的一体化教育行动。基于对儿童与自然关系的肯定，国外开展了大量有关绿色校园环境景观建设的研究，从理论到实践，包括：欧

---

① 田青. 我国可持续发展教育初探[J]. 中国人口：资源与环境，2003，13（3）：125-127.

② 赵中建. 全球教育发展的研究热点：90年代来自联合国教科文组织的报告[M]. 北京：教育科学出版社，1999：24.

③ Michele Morrone, Karen Mancl, and Kathleen Carr. Development of A Metric to Test Group Differences in Ecological Knowledge as one Component of Environmental Literacy[J]. The Journal of Enviromental Edueation, 2001, 32(4): 33-42.

④ 张蓉. 走近外国中小学教育[M]. 天津：天津教育出版社，2006：61.

洲"生态学校"（Eco Schools），澳洲"可持续校园"（Australian Sustainable Schools Initiative），日本的"生态学校"或"绿色学校"（Eco schools，Greening schools），美国有永续校园（Sustainable Schools）、绿色学校（Green Schools）、健康学校（Health Schools）、高成效学校（High Performance Schools）、智慧学校（Smart Schools）等不同名称，概念皆以生态、美观、节源、减废、健康及教育为核心[①]，现在已被世界上许多国家和地区接受，被公认为"国际环境教育的新趋势和新的环境教育模式的一部分"，成为实施可持续发展教育的有效模式（Kathleen Kezzey-Laine，1997）。

步入 21 世纪，随着环境教育的改革与发展，在自然环境里学习自然，是当今世界生态文明视域下的生态学、教育学、心理学、社会学、设计学、风景园林学等学科综合交叉、共同合作发展的国际教育思潮。1999 年，澳大利亚环境教育国际会议在悉尼新南威尔士大学召开，来自五大洲 60 多个国家 400 多名代表参加了这次 20 世纪末的空前盛会。这次大会被认为是全面总结了 30 多年来全球环境教育的经验，对 21 世纪国际环境教育的开展将产生积极而深远的影响[②]。近十多年来，国外研究者和研究机构面向校园环境景观开展了深入的实证分析，不乏一些优秀研究成果及报告。其中，康奈尔大学 Nancy Wells（2000 年）的理论研究具有先导意义，揭示出每天置身于自然环境，有利于提高儿童的专注能力，因此也提高认知能力。耶鲁大学的 Stephen R. Kellert（2005）的著作《共建生活：设计并理解人类与自然的连接》（*In Building for Life: Designing and Understanding the Human-Nature Connection*）认为，自然对儿童的发展的每一个主要方面都是很重要的，包括理智上、情感上、社会上、精神上和身体上，敦促设计师、开发人员、教育工作者、政治领导人和全社会公民在我们现代建设环境中做出改变以提供儿童与自然的积极接触，让儿童能在自然的环境中生活、玩耍和学习。剑桥大学的 Andrea Faber Taylor 和 Frances E. Kuo（2006）对近年来有关接触自然利

---

① 张宗尧，李志民编. 中小学建筑设计[M]. 北京：中国建筑工业出版社，2000：49.
② 张学广. 国际环境教育与可持续未来：澳大利亚环境教育国际会议综述[J]. 比较教育研究，2000，21（2）：27-30.

于儿童的身心发展方面的研究做了综述性回顾，基于充分的证明材料，便于后来研究者选择适当的有针对性的方向展开更深入的研究。欧洲 OPEN 研究中心（OPEN Space Research Center，UK）的工作人员（2008）审慎检视了十年来绿色空间与儿童生活品质的相关研究报告，指出绿色空间有利于提升儿童学习的能力，增加儿童健康和幸福感，实现社区和社会的价值以及经济和环境发展。

环境问题的出现以及对人类生产和生活所产生的影响是广泛而深远的。西方诸国在经济得到迅猛发展以后才意识到环境问题的严重性，广大发展中国家则在经济发展过程中已经暴露出严重的环境问题，这些问题都呈现出"点源"向"面源"转变的趋势，"面源污染"和对资源掠夺性利用等问题关系到每个人的生存，也与我们每个人的生产和生活方式密切相关，这就必须对所有人进行有效的环境教育，强化所有人的环境意识，培养所有人的环境情感、态度和价值观。儿童作为未来世界的主人、资源使用者和生产建设者，是环境教育极其重要的对象，并且在某种程度能够通过他们的言行影响他们的父母和其他社区成员。在中国公园城市建设中，若能从儿童游憩空间规划设计开始，将最本源的自然知识和环境知识传授给儿童，建构他们的关心、热爱大自然的观念，包括亲近自然、感受自然、认识自然，了解与日常生活密切相关的环境基础知识，培养热爱自然、热爱环境的意识和情感，必将在世界范围内得到广泛认同与重视。

2.3 参与式设计

2.3.1 参与式设计定义

参与（Participation）一词字义源自拉丁文，意即个体在较高层次的整体性（Totality）或完整性（Wholeness）的其中一部分。Sanoff（1994）认为"参与"涉及与他人一同分享条件，或对于共有财物（Common Goods）所做的决策[①]。如将它应用于建筑相关空间上，则有公民影响（Citizen

---

① Sanoff，H. School Design[M]. New York：Van Nostrand Reinhold，1994：86.

Influence)、共同决定（Co-Decision）、合作（Cooperation）等概念。Christopher Alexander 在俄勒冈实验中指出，生活在某种环境下，对此环境的塑造有所助益的任何人，就可以说是在参与。综上言之，参与式设计的意义即个体事先了解并共同加入群体的设计活动及决策。

参与式设计（Participatory Design，PD）对专业者和使用者而言都是学习的过程。对专业者而言，借由使用者参与的过程，可弥补经验的不足和未考虑周详之处，并增进设计目标及决策的正确性，亦能产生创新的设计构想方案，以及提供专业设计者重新了解问题与修正的机会。对使用者而言，透过空间塑造、环境规划等共同参与设计的过程，可促进社会学习能力的培养及价值观的提升。参与式设计的观念即以使用者为主，专业者为辅，回归至使用者为决策者的概念，让专业者在操作的过程，能深入了解使用者的需求，并协助将这些需求更精准地反映在设计中。

2.3.2　国外参与式设计研究综述

公众参与的理念和方法是人们从各种批评和实践中不断学习，逐步发展形成的。在世界范围内，它经历了 20 世纪 60～70 年代的兴起与发展时期，也经历了 80 年代多方面的批评与反思，以及 90 年代至今的重新蓬勃开展时期[①]。

在相关研究中，引用最多的是雪莉·阿恩斯坦（Sherry Arnstein）1969年发表的《公众参与的阶梯》（*A Ladder of Citizen Participation*）一文，定义公众参与是"公民无条件拥有的权利"，"权利的重新分配，能把当前排除在政治和经济过程之外的贫困公民，无条件地融入未来的政治和经济过程之中"。为了帮助区分"伪参与"和"真参与"，阿恩斯坦提出了一个八档三个层次的"公众参与阶梯"（图 2-7）。阶梯的前两档——"操纵"和"引导"被划分为"非参与"；接下来的三档——"告知""咨询"和"安抚"被划入"象征性参与"；最高处的三档——"合作""授权""公众控制"被认为是"公民权利"真正应达到的程度"真正参与"[②]。

① 王晓军，李新平. 参与式土地利用规划：理论，方法与实践[M]. 中国林业出版社，2007：23，30-33.
② Arnstein S R. A Ladder of Citizen Participation[J]. Journal of the American Institute of planners, 1969, 35(4): 216-224.

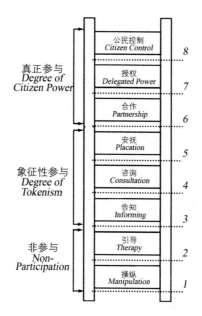

图 2-7　Sherry Arnstein（1969）的公众参与阶梯

　　Norad（1989）的"参与层次理论"，以台阶的形式出现（图 2-8），从被动和完成安排好的任务一直到对话和交流的过程，它把参与看作进行中的对话模式，这几个台阶把"真正的"参与看作对话和交流的参与，直到最后的完全承担起责任来[1]。

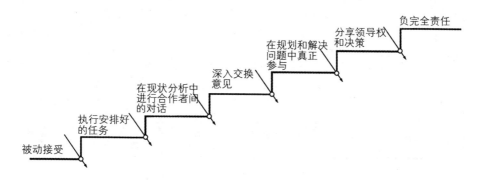

图 2-8　NORAD（1986）的参与层次理论

---

① Platt I. Review of Participatory monitoring and Evaluation. Development and Change[M]. London: Sage Publications, 1996.

Dorcey、Doney 和 Rueggeberg（1994）的"公众参与带谱"，没有采用之前的垂直、分级思路（图 2-9），提出"连续带谱中的每个水平可能都是合理的，这要视决策结果而定"，"当用到较高参与程度的形式时，每个较低的形式可能也需要同时实施，以便使所有利益相关者都参与进来并被告知"，这种微妙的发展反映出从只注重经济发展的单一规划设计目标，转向成套的、更多样化的规划设计目标①。

告知	教育	搜集信息观点	协商反应	确定问题	测试想法寻求建议	寻求共识	持续参与

相互作用的程度渐增
承担的义务、费用和时间渐增

图 2-9　Dorcey、Doney 和 Rueggeberg（1994）的公众参与带谱

CONCERN Worldwide 关爱世界组织（1995）提出的参与类型特点（表 2-4），把参与描述成从被动参与、允许有限的咨询到产生不同结果的参与，直到自我动员的一个系列②。

表 2-4　CONCERN Worldwide（1995）提出的参与类型特点

类型 Type	每种类型的特点 Characteristics of each Type
被动参与	单方面操纵信息，人们被告知要发生的事情
咨询	虽然有些问题要咨询公众，但仍由外来者确定和分析问题，外来者制定所有决策
物质激励式参与	人们提供资源，如劳力，因此而得到食物、现金或其他激励措施，但缺乏对项目的拥有感，当激励停止后，人们失去动力，项目就不会再持续
功能性参与	鼓励参与只是一种手段，而非目标，目标是预先已确定的
交互式参与	人们共同参与到分析、行动计划的提出以及效果的监测中来，参与是交互式的，并被构建成允许群体接过决策权和资源的控制权，这样，他们有责任维持建成的体系并继续执行该体系
自我动员	人们独立发挥主观能动性，外来者只是提供帮助，人们有资源控制权，外部机构可以提供支持，促成这类群体的形成和发展

---

① Dorcey A, Doney L, Rueggeberg H. Public Involvement in Government Decision-Making: Choosing the Right Model[M]. Victoria, Round Table on the Environment and the Economy: 1994.

② Sheehan J. NGOs and participatory management styles: a case study of CONCERN Worldwide, Mozambique[M]. Centre for Civil Society, London School of Economics and Political Science, 1998.

Pretty（1995）提出的 typology of participation 理论（表 2-5），从操纵式参与到自我动员的七级参与类型，进一步阐述了 Arnstein 的理论[①]。

表 2-5　Pretty（1995）提出的参与理论

类型 Type	每种类型的特点 Characteristics of each Type
操纵式参与	参与只是一种伪装，公众的代表出席官方会议，但他们不被选举，也没有任何权力
被动参与	人们的参与是被告知已决定和已发生的事情，包括由行政部门或项目管理层发出的单向公告，并不听取人们的反映，提供的信息只属于外部的专业人士
咨询式参与	人们通过接受咨询或回答提问来进行参与，外部机构确定问题并控制信息收集过程，所以也可控制分析。该过程没有任何决策分享，专业人士也没有承担任何义务去采用人们的意见
物质激励式参与	人们通过贡献资源来参与,如劳力，作为回报，可以得到食物、现金或其他物质刺激功能性参与
功能性参与	人们的参与只被外部机构视为实现项目目标的一种手段，尤其在减少开支方面。人们可以形成群体来满足预设的目标。这种参与可能是交互式的，也可能参与决策分享，但是，这只能是主要决策已经被外部机构做出以后才有可能发生。当地群众可能只被指派服务于外部的目标
交互式参与	人们共同参与分析、信息的收集、行动计划的制定或当地制度的加强等。参与被视为一种权利，而不仅仅是一种实现项目目标的手段。过程包括跨学科的方法，寻求多样性的观点，采用结构化的、系统化的学习过程。由于当地群体接过了控制当地决策、确定当地资源利用的权力，所以他们愿意继续已建立的框架和已采取的行动
自我动员	人们采取主动行动去改变体系，而不是依赖外部组织。他们与外部机构建立联系，获得他们需要的资源和技术服务，但仍掌握如何利用资源的权利

Cullen（1996）提出社区参与四类型（表 2-6），重点抓住了参与的综合性和全面性的特点，各类型之间存在一定的自然交叉和相互联系，有利于弘扬合作精神，更适合合作伙伴发展模式，在实践中被吸收采用的可能性更大，也说明了参与这一概念复杂性和不确定性的特点[②]。

---

① Pretty J. The many interpretations of participation[J]. Focus, 1995, 16(4): 4-5.
② Cullen F T, Wright J P, Applegate B K. Control in the community: The limits of reform[J]. Choosing correctional options that work: Evaluating the demand and evaluating the supply, 1996: 69-116.

表 2-6　Cullen（1996）提出社区参与四类型

类型 Type	每种类型的特点 Characteristics of each Type
学习型参与	认识到如果没有首先获得行动的技术（知识和技能）、取得行动的能力（自信和集体精神），弱势群体就不可能完全参与
最终用户/消费者参与	这种参与形式出现于那些直接受益人存在的地方，他们有机会参与到决定目标、目的、政策和工作方法中去
倡导与调停消费者的参与	多种团体和组织在社区参与中发挥倡导和调解作用
结构性参与	这种方法倡导构建新的社区组织体系，来协调外部机构和社区的关系

　　Jackson（1999）提出的"公众参与阶段"，作为一种策略方法用于选出最佳的公众参与模式（图 2-10），并指出：公众参与的所有层次只可能在一定的环境下、针对特定利益相关者时才是合适的；在组织任何形式的公众参与过程前，首先要确定和分析利益相关者，其次是在确定最适宜的参与程度前设置合适的目标[①]。

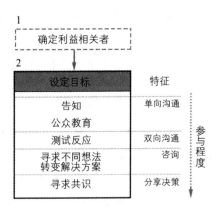

图 2-10　Jackson（1999）提出的"公众参与阶段"

图片来源：Jackson L. S. Contemporary Public Involvement: Toward a Strategic Approach[J]. School of Earth Sciences Research Report, 1999, 10(3): 135-147.

---

① Jackson L. S. Contemporary Public Involvement: Toward a Strategic Approach[J]. School of Earth Sciences Research Report, 1999, 10(3): 135-147.

国外研究学者在参与式民主理论和参与式发展理论的讨论基础上，采用后现代科学观作为哲学基础，基于"参与式行动研究"的方法论，研究参与式规划设计方法的理论问题，并指导规划设计实践的展开。

2.3.3 国内参与式设计研究综述

参与式方法是于 20 世纪 80 年代末随着国际合作项目引进我国。"参与"这个词在近 20 多年已经成为发展领域中的主导性的词汇。随着"以人为本""民主政治"等现代理念逐步融入，人们对"自上而下"方法弊端的不断批判，公众参与的呼声也越来越高。就现代国际接轨的专业研究意义而言，国内参与式设计相关研究目前尚处于萌芽初期。

我国大陆学者在公众参与政策规划领域、参与式教学设计、教学环境研究、环境教育方面尝试对有关内容做过或多或少的有益探索。孙晓轲在《学前教育研究》所发表的《幼儿园空间设计与参与理念的演变》（2011）中认为空间环境是儿童精神成长的外在条件，儿童参与环境布置，不仅使环境发生变化，而且进一步激发幼儿探索与挑战环境的兴趣。其后孙晓轲更指出"幼儿是幼儿园空间环境的主体。幼儿园的空间布置应有利于引发、支持幼儿的游戏和各种探索活动，并促进幼儿与周围环境的相互作用。……以往幼儿园环境布置的参与者主要是教师，儿童参与的广度和深度都非常有限"。李建成在《人民教育》撰文《让儿童主动参与建构自己成长需要的课程》（2012），鲍成中在《教育学术月刊》撰文《幸福学校构建：儿童参与视角》（2012），唐锋、周小虎在《教育理论与实践》撰文《儿童参与：现状、成因及对策——人类发展的生物生态学模型的视角》（2015）等，均指出，应顺应时代发展，转变观念且在实践中提升儿童参与度。

我国台湾学者从引入国外参与式设计理念伊始，便着力推动儿童参与环境景观设计研究。杨沛儒（1996）翻译 King Stanley 著作《参与式设计：一本合作、协力、小区营造的技术指南》，其中王鸿楷（1996）

指出：因为我们自己的参与历史实在太短，案例实在太少，而国外的相关文献多以理论居多，真正提供案例的细节、参与式设计所必需的技术数据者，非常少见。意即，参与式设计的操作技巧需要累积，透过操作经验可供实际案例规划之参考。曾思瑜（2000）提到儿童游戏环境的设计，应由使用者实际参与和操作，设计者再将其构想和需求纳入规划中。张冠仪（2002）探讨游戏教学再造小学校园户外空间的研究中指出，孩童的身体经验与校园环境有互动关系，孩童利用身体经验，如自己的步伐、手掌等肢体尺寸体验空间尺度大小。周济幼（2002）通过台北市立师院附设实验小学校门参与式设计及校园营造案例研究，阐释参与式设计是相互沟通的行动过程，规划者借由"倾听"，帮助了解使用者的每一个意见脉络，再透过规划者的"诠释"，与参与者塑造出社区的集体意义。简铭锋（2006）针对参与式设计之操作经验，包括将操作对象、操作方式、操作过程加以比较，并以国内某托儿所户外游戏场规划的操作过程，透过四个参与式活动设计，探讨儿童户外游戏场应用参与式设计的形成过程。

　　笔者自 2010 年来致力于参与式设计方法论的研究，从社区参与公共空间设计和儿童参与校园环境景观设计两个向度开展了比较系统的理论架构和方法实践探索，获得的初步研究成果从某种角度而言，亦可标志着参与式设计的研究工作在我国已经起步，中国开展儿童游憩空间参与式设计的相关研究已具备了客观条件基础。

2.4　系统科学观

2.4.1　系统科学概述

　　系统科学是从事物的部分与整体、局部与全局以及层次关系的角度来研究客观世界。能反映事物这个特性的最基本的概念是系统。系统是由互相关联、相互影响、相互作用的组成部分构成的具有某种功能的整体。这样的系统，在自然界、人类社会包括人自身是普遍存在的，这就是为什么系统科学的理论、方法和技术具有广泛适用性的原因。

在近代乃至古代的一些思想中，已经包含着系统科学的萌芽。在马克思理论和方法中，早已包含着丰富而深刻的系统性原则。"马克思的辩证法首先是社会系统的辩证法"，而"历史唯物主义……从方法论方面看，毫无疑问它实质上就是系统理论"。马克思提出"社会有机体"的概念，并深刻分析了社会经济形态这一巨大社会系统，全面分析了资本主义生产方式的系统构成和矛盾运动。恩格斯也曾全面论证了自然界的普遍联系，得出了"自然界是一个体系"的结论。列宁在有关辩证法的论述中曾强调过"联系""中介""转化""关系""总和"等带有系统思想色彩的观点，但这些仅是一般原则性的描述。

系统科学的正式诞生则是 20 世纪 30 ~ 40 年代的事情。美籍奥地利生物学家贝塔朗菲（Ludwig Von Bertalanffy）在生物学研究中首先提出生物系统论，随之创立了普通系统论，定性阐述了系统概念和方法论，为现代系统科学奠定了理论基础。在《普通系统论的历史和现状》一文中，贝塔朗菲将系统（System）定义为处于一定的相互关系中并与环境发生关系的各组成部分的总体（集），即系统是由相互依赖和相互作用的若干要素经过特定关系组成的具有特定层次结构和功能，并与周围环境发生联系的有机整体[①]。现代自然科学的研究成果证明：系统是自然界存在普遍形式。从微观的基本粒子到宇观的总星系，从无机界到有机界，从天然自然到人工自然，从人类社会到人类思维无一不自成系统的同时又互为系统。换句话说，存在就是整体，在一个相互连接的世界里，部分反映着整体，整体也反映着部分，任何系统都是另一个更大系统的子系统，因而要正确了解一个事物必须把它嵌入更大的系统联系起来加以认识。同时任何系统都是由更小的系统组成的，其本身又是更大系统的子系统，这使我们可以将复杂的巨系统分解成若干小

① Von Bertalanffy L. General systems theory and psychiatry-an overview[J]. General systems theory and psychiatry, 1969: 33-46.

的子系统进行研究[1]。

系统组成部分之间的相互关联、相互影响和相互作用是通过物质、能量和信息的传递来实现的。通常将相互关联、相互影响、相互作用的组成部分称为系统结构。一个系统以外的部分称为系统环境，系统和系统环境也是通过物质，能量和信息的输入、输出关系，相互关联、相互影响和相互作用。按照系统结构的复杂程度可将系统分为简单系统、简单巨系统、复杂系统、复杂巨系统，而以人为基本构成的社会系统，是最复杂的系统，又称为特殊复杂巨系统。

系统方法论是指在一定的系统哲学思想指导下用于解决复杂系统问题的一套工作步骤、方法、工具和技术。1962 年霍尔（Arthur D. Hall）在 *A Methodology for Systems Engineering* 一书中提出系统工程方法论，1969 年更系统地提出著名的霍尔三维结构，从时间维、逻辑维和知识维来介绍系统的工作过程、思维过程和知识的应用，该系统工程方法论在 20 世纪 60~80 年代初得到了广泛的应用。哈佛大学在 20 世纪 80 年代发现他们的毕业生精于定量计算，却处理不好人的关系，因此又重新强调增加人文科学方面定性理论的课程。总之过分的定量化、过分的数学模型化难以解决一些社会实际问题。于是，1980 年，国际应用系统分析所（IIASA）专门组织了一次讨论会，名为"运筹学和系统分析过程的反思"。当时英国运筹学家切克兰德（Checkland）提出把系统方法论分为硬、软两种，硬系统方法指运筹学、系统工程、系统分析和系统动力学的方法论，软系统方法论指由切克兰德提出的软系统方法论（Soft System Methodology）。到 80 年代中后期在英、美出现了一批软的系统方法论，例如 SSM、SAST、SC、SODA、PSM、VSD、CST、Hypergame、Metagame 等。

我国在研究系统复杂性的过程中，提出了一些具有启发性的观点，如钱学森等从实际问题中发现并提炼出针对开放的复杂巨系统的科学方

---

[1] 冯·贝塔朗菲，林康义. 一般系统论——基础，发展和应用[M]. 清华大学出版社，1987：36.

法论——从定性到定量的综合集成方法（Metasynthesis）；作为一项技术，又称为综合集成技术；作为一门工程，亦可称为综合集成工程；并在此基础上提出"综合集成研讨厅体系（Hall for workshop of Metasynthesis Engineering）"。顾基发教授和朱志昌博士在系统研究的基础上，注意到近年来复杂系统的理论和方法大量出现等情况，提出了改进了的系统运动图（图2-11）。该图综合了中国古代早有的系统思想，如周易、中医、道家等，结合我国钱学森、许国志、宋健等其他学者的研究成果，于1994年提出WSR方法论，并在一系列的课题中，试图用来分析解决复杂性，取得了一定成效[①]。

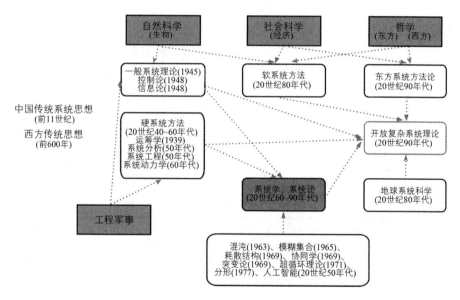

图 2-11　改进了的系统运动图

图片来源：高飞. 物理-事理-人理系统方法及其应用[D]. 中国社会科学院，2000：28.

物理-事理-人理系统方法论（Wuli-Shili-Renli System Approach，简称 WSR 方法论）是一种东方系统方法论，在国内外已经得到一定的认可。"物理"指客观物质世界法则，涉及物质运动的机理；"事理"指做事的道理，主要解决如何去安排所有的设备、材料、人员；"人理"指做

① 高飞. 物理-事理-人理系统方法及其应用[D]. 中国社会科学院，2000：28.

人的道理，通常要用人文与社会科学的知识去回答"应当怎样做"和"最好怎么做"的问题。表2-7简要列出物理、事理、人理的主要内容。"物理""事理"和"人理"是系统实践中需要综合考察的三个方面，仅重视"物理"和"事理"而忽视"人理"，做事难免机械，缺乏变通和沟通，没有感情和激情，也难以有战略性的创新，很可能达不到系统的整体目标；一味地强调"人理"而违背"物理"和"事理"，则同样会导致失败，如某些献礼工程、首长工程等事先不做好充分的调查研究，仅凭领导或少数专家主观愿望而导致有些工程的失败。"懂物理、明事理、通人理"就是 WSR 系统方法论的实践准则[①]，也是本研究的基本方法与出发点。

表 2-7　物理-事理-人理的内容

	物理	事理	人理
对象内容	客观物质世界法则	组织、系统管理做事的道理	人、群体、关系，为人处世的道理
焦点	是什么？功能分析	怎样做？逻辑分析	最好怎么做？可能是？人文分析
原则	诚实追求真理	协调追求效率	讲人性、和谐追求成效
所需知识	自然科学	管理科学、系统科学	人文知识、行为科学、心理学

资料来源：顾基发，唐锡晋，朱正祥. 物理-事理-人理系统方法论综述[J]. 交通运输系统工程与信息，2007，7（6）：51-60.

2.4.2　公园城市儿童游憩空间参与式设计的系统观

爱因斯坦说："你能不能观察到眼前的现象，取决于你运用什么样的理论，理论决定着你到底能够观察到什么。"现代科学技术已有了巨大发展，人类对客观世界的认识越来越深刻，改造客观世界的能力也越来越强。今天，科学技术对客观世界的研究和探索，已从渺观、微观、宏观、宇观直到胀观五个层次的时空范围，可用下图表

---

① 顾基发，唐锡晋，朱正祥. 物理-事理-人理系统方法论综述[J]. 交通运输系统工程与信息，2007，7（6）：51-60.

示（图 2-12）[①]。

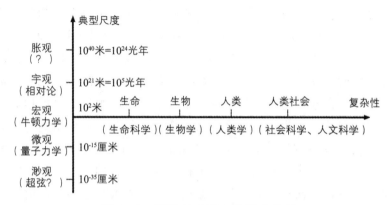

图 2-12　科学技术研究的时空范围

其中宏观层次就是我们所在的地球，在地球上出现了生命，产生了人类和人类社会。针对这些部分研究，也就形成了今天所说的自然科学、社会科学、人文科学。概括地说，自然科学是关于自然规律的学问，可以概括为物有物理，简称为物理；社会科学是关于社会规律的学问，可以概括为事有事理，简称为事理；人文科学是关于人的学问，可以概括为人有人理，简称为人理。我们处理任何事物，都要讲物理、明事理、通人理，才有可能取得成功。

客观世界是相互联系、相互影响、相互作用的，因而反映客观世界不同部分规律的自然科学、社会科学、人文科学，也是相互联系、相互影响、相互作用的，我们不应把这些学问的内在联系人为地加以割裂，而应把它们有机联系起来去研究和解决问题。德国著名物理学家普朗克（M. Planck）在 20 世纪 30 年代，就曾提出"科学是内在的整体，它被分解为单独的整体不是取决于事物的本身，而是取决于人类认识能力的局限性。实际上存在着从物理到化学，通过生物学和人类学到社会学的连续链条，这是任何一处都不能被打断的链条"。这段话是很深刻的，科学的发展也证实了这个论断的科学性和正确性。

[①] 上海交通大学钱学森研究中心编. 智慧的钥匙 钱学森论系统科学[M]. 上海：上海交通大学出版社，2015.

从近代科学到现代科学，培根式的还原论方法发挥了重要作用，特别是在自然科学中取得了巨大成功。还原论方法是把一个事物分解成部分，以为部分都研究清楚了，整体也就清楚了。如果部分还研究不清楚，应继续分解下去进行研究，直到弄清楚为止。按照这个方法论，物理学对物质结构的研究已经到了夸克层次，生物学对生命的研究也到了基因层次。但是现在我们看到，认识了基本粒子还不能解释大物质构造，知道了基因也回答不了生命是什么。这些事实使科学家们认识到"还原论不足之处正日益明显"。这就是说，还原论方法由上往下分解，研究得越来越细，这是它的优势方面，但由下往上回不来，回答不了整体问题，这又是它的不足一面。所以仅靠还原论方法还不够，还要解决由下往上的问题，也就是复杂性研究中所说的涌现（emergence）问题。著名物理学家李政道曾讲过"我猜想 21 世纪的方向要整体统一，微观的基本粒子要和宏观的真空构造、大型量子态结合起来，这些很可能是 21 世纪的研究目标"。从系统角度来看，把系统分解为部分，单独研究一个部分，就把这个部分和其他部分的关联关系切断了。这样就是把每个部分都研究清楚了，也回答不了整体问题，系统整体性并不是这些组成部分的简单"拼盘"。

系统论方法吸收了还原论方法和整体论方法各自的长处，同时也弥补了各自的局限性，既超越了还原论方法，又发展了整体论方法，这就是系统论方法的优势所在。还原论方法、整体论方法、系统论方法都属于方法论层次，但又各有不同。还原论方法采取了由上往下，由整体到部分的研究途径，整体论方法是不分解的，从整体到整体。而系统论方法既从整体到部分由上而下，又自下而上由部分到整体。正是研究路线上的不同，使它们在研究和认识客观事物的效果上也不相同。形象地说，可比较如下：

还原论方法　　　$1+1 \leqslant 2$

整体论方法　　　$1+0=1$

系统论方法　　　$1+1>2$

近些年来，复杂性研究的出现和复杂性科学的提出，体现了现代科学技术发展的综合性和整体化方向，也是现代科学技术发展的必然趋势。

实际上，复杂性问题就是用还原论方法处理不了的问题。复杂系统、复杂巨系统的整体性问题就是复杂性问题。复杂性研究和积极倡导者、著名物理学家盖尔曼（M. Gell-Mann）在其所著《夸克与美洲豹——简单性与复杂性的奇遇》一书中写道："研究已表明，物理学、生物学、行为科学，甚至艺术与人类学，都可以用一种新的途径把它们联系到一起，有些事实和想法初看起来彼此风马牛不相及，但新的方法却很容易使他们发生关联。"实际上，这个新的途径就是系统途径，用系统方式把它们联系起来；这个新的方法论就是系统方法，用系统方法去研究它们。

系统的观点绝不是观察世界唯一有用的方式，但它却是一种独特的方式，它能让我们以一种新的方式解决问题和探索不为人知的手段。公园城市建设是复杂性问题，公园城市儿童游憩空间设计不仅有设计学同一领域内不同专业的交叉、结合，还特别涉及不同领域之间，如建筑学、城市规划设计学、风景园林学、管理学、社会学、经济学、环境学、生态学等众多学科的集成，本书提出参与式设计方法自下而上与自上而下开展综合研究，这需要运用系统科学方法论提供理论指导。WSR系统方法论的内容易于理解，而具体实践方法与过程应按实践领域与考察对象而灵活变动[1]。系统实践活动是物质世界、系统组织和人的动态统一。此次将"物理-事理-人理"WSR方法引入公园城市儿童游憩空间参与式设计系统分析中，设计实践活动应当涵盖这三个方面和它们之间的相互关系，即考虑"物理""事理"和"人理"，从而获得满意的关于所考察对象的全面的认识和想定（Scenario），或是对考察对象的更深一层的理解，以便采取恰当可行的对策。

2.4.3　公园城市儿童游憩空间参与式设计研究思路

文艺理论家肯尼斯·伯克（Kenneth Burke）发现隐藏于象征行为之中的动机，创建了"戏剧五位一体"和"同一"理论，围绕五个要素展开分析方法。此处的五个要素是"行为（act）""执行者（agent）""方法（agency）""场景（scene）"和"目的（purpose）"。它们用于揭示象征行

---

① 顾基发. 物理事理人理系统方法论的实践[J]. 管理学报，2011（2）：317-322.

为的结构和功能①。辛向阳教授继而提出了"交互设计五要素"和"行为逻辑"等交互设计领域的重要理论和方法。此处的五个要素是："人（People）""动作（Action）""工具或媒介（Means）""目的（Purpose）"和"场景（Contexts）"②。Sanoff（2002）探讨了校园设计需要结合社区参与，这将有益于社区发展。David Driskell 和 Kudva Neema（2009）专注于日常的社区和社区组织的参与实践，开发了一个创造参与空间框架，包括五个主要的参与维度："规范（Normative）""结构（Structural）""操作（Operational）""物理（Physical）"和"态度（Attitudinal）"，探讨组织实践在构建青年参与中的作用。

受上述理论启发，同时结合 WSR 系统方法论，本书构建了公园城市儿童游憩空间参与式设计框架，如图 2-13 所示，其中最核心的五要素的提出，尝试从哲学思想层面去抽象和定义在公园城市儿童游憩空间项目营造中参与式设计框架的稳定属性，基本研究内容的整体思考如下。

环境景观（Environment Landscape），基于物理观的角度认识、营造新的场景。在公园城市儿童游憩空间参与式设计中，一方面个体既要受环境的影响，同时也影响环境，彼此交互作用；另一方面儿童游憩空间建成环境景观又复合在家园社区和地方城市环境中，儿童游憩空间本身也是一个社会的小缩影，处于人居系统、政策事务环境背景中。公园城市儿童游憩空间参与式设计活动就是与其周围的人、事、物、情境等因素，以及这些因素彼此间交互作用之整体，是有机体对环境（包括自然环境、人工环境和人文环境）无间断交互作用而引起的历程。强调要发展、强调持续性、强调公平性、强调整体性，必然是我国践行新发展理念的公园城市建设背景下儿童游憩空间可持续发展的核心内容。

---

① BURKE, K. On Human Nature: A Gathering While Everything Flows[M]. Berkeley: University of California Press, 2003: 1.
② 辛向阳. 交互设计：从物理逻辑到行为逻辑[J]. 装饰，2015（1）：58-62.

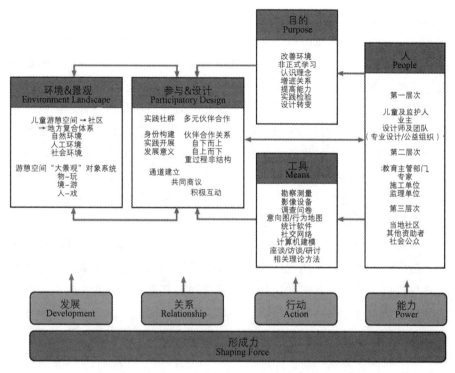

图 2-13　公园城市儿童游憩空间参与式设计框架

　　参与式设计（Participatory Design），基于事理观的角度，参与组织形式以及设计活动层次。参与式设计行动（Action）是人与人、人与物、人与环境的互动，是一种动态的建设性过程。公园城市儿童游憩空间参与式设计中，基于利益相关者多元合作伙伴关系确立下的实践社群，其相关行为涵盖从概念构想经过可行性研究、规划、设计、建设、使用的全过程。参与部分从问题分析、资料搜集、共同调查儿童的期待与意见，归纳整理出解决方案，参与的过程中不断与业主、设计师讨论，凝聚共识与统整需求，增加作为规划设计的依据和参考，最后再进行方案的发表与分享[①]。儿童全程参与还包括方案实施建设、后期维护管理、使用后评估等方面。

---

① 王玮. 基于儿童参与的校园景观环境设计——以日本福冈岐南小学校园景观环境设计为例[J]. 华中建筑，2015（3）：108-111.

人（People），基于人理观的角度，确定参与者与参与层次。根据利益相关者与公园城市儿童游憩空间的密切程度，可以分为三个层次。第一层次：儿童及监护人、业主、设计师及团队（专业设计/公益组织）。第二层次：政府主管部门、专家、施工单位、监理单位。第三层次：当地社区、其他资助者、社会公众等。显然儿童是其中的核心利益相关者。虽然儿童身心相对不成熟，知识、经验、社交能力欠缺，其需求很大程度上依赖成人的感知，但这并不妨碍人们对相应环境景观营造的中心立足点应该基于儿童需求和利益的共识。儿童参与项目设计中，由于缺乏设计的背景知识及相关理念，因此提供相关支援协助的专业设计师作为主要与儿童交互的指导者和引导者其作用非常重要。

目的（Purpose），定位新的动机、工具或技术（Means），谋求新的手段。与传统设计仅关注建成环境创设质量目标不同，公园城市儿童游憩空间参与式设计本身具有多元化目标。参与即是交流，参与的一个主要目的就是交换参与者之间的想法和信息，如果想法和信息不能交换，参与活动是没有价值的。公园城市儿童游憩空间参与式设计中众多交流技术方法应被运用于促进儿童与成人（设计师等）、成人与成人之间的交流，无论何种技术方法被使用，其中基本功能就是传递想法和信息的，而正是这一信息的传递使得成人与儿童之间的学习（获益）成为可能。

目前儿童游憩空间研究领域较多集中在游憩空间之于儿童的重要性，游憩空间的划分、类型、构成体系，相应规划设计要求和考虑，或者是针对具体空间环境案例的剖析和解读，对于从本体论、方法论、实践论整合一体上把握儿童游憩空间设计体系的研究相对较少。因此，本书希望从系统科学观的视域整体把握研究对象，丰富和完善公园城市儿童游憩空间参与式设计系统认识。从实现"物玩、境游、人戏"的整体目标上把握对象体系的内涵和外延，通过构建与公园城市建设耦合的儿童游憩空间物元和功能承载的"物理"，设计师主持参与式设计下关照儿童权利观、身体观、教育观和自然观的"事理"，理解多方利益相关者并重视儿童具身性、知觉系统、认知发展、需要层次以及敏感期规律的"人理"，将"物理-事理-人理"WSR方法引入公园城市儿童游憩空间参与式设计系统分析中，试图为后续研究以及其他研究者的工作提供更加全面的基础。

PART THREE

第 3 章

物理空间参与式设计

儿童游憩空间参与式设计 WSR 系统是物质世界、系统组织和人的动态统一，精心设计的游憩空间可以提高人们的幸福感。而开展设计行动须要首先从所处场地的"物理"性质出发，麦克哈格就曾指出"对土地必须要了解，然后才能去很好地使用它管理它"。这里的"物理"指涉及公园城市游憩环境涵盖儿童游憩空间和设施物，泛指儿童触摸得到或看得到的范围。通过了解儿童游憩、空间、流线、元素和场所设计要素构建的物质系统，尤其是广泛深入地了解当前公园城市儿童游憩空间建设的实际情况，从而获得关于考察对象现状的较全面的认识和想定，以便采取恰当可行的设计对策。

本章从公园城市成都实践出发，开展儿童游憩空间设计案例研究。成都，一座中国历史上历经 2300 年"城名未改、城址未变、中心未移"的历史文化名城，至今保存着少城、皇城、大城"三城相重"，府河、南河"两江环抱"的古城格局。近三年来，成都坚持以习近平新时代中国特色社会主义思想为指导，坚定不移贯彻落实省委决策部署，以新发展理念引领公园城市建设。厚植生态本底，规划 1.69 万千米天府绿道已建成 4081千米，推进"百个公园"工程已建成 35 个，龙泉山森林公园增绿增景超10 万亩，全市森林覆盖率达 39.9%。共享城市价值，党建引领的基层治理创新重塑社区自治体系，公共服务设施"三年攻坚"行动使 15 分钟基本公共服务圈覆盖率达到 80% 以上，"两拆一建"增加开敞空间 752 万平方米。新发展理念已贯穿于公园城市建设全方位、全领域、全过程①。此次所选案例，一方面体现了公园城市成都实践新成效、新经验、新展望，另一方面参考了被普遍认知的创建儿童友好型城市环境的标准，它们具有不同的值得其他建设实践学习的地方。值得注意的是，案例分析内容所涉及

---

① 成都市公园城市建设领导小组：公园城市[M]. 北京：中国发展出版社，2020.

的并不止于城市游憩物理环境，还深深映射着人文环境和儿童的社会处境。要理解儿童游憩空间设计要素，需要将儿童与成人的世界相联系并等同视之，而不是将儿童看作一个孤立的问题群体，这是营建儿童友好型城市和开展儿童游憩空间参与式设计最重要的理念和态度。

3.1 绿 道

3.1.1 简 介

19 世纪末 20 世纪初，西方研究者最早将"提供人们接近居住地的开放空间，连接乡村和城市空间并将其串联成一个巨大的循环系统"定义为绿道。随着时代发展，绿道的概念虽然不断变化，但是基本内涵是不变的，即线性的，具有一定宽度的、开放的、连接各种开敞空间，沿着自然廊道或人工走廊建立的，具有生态、游憩、经济、保护历史文化遗产等功能的绿色开敞空间。这个概念，成都人民已在日常生活中切身感触。

成都市通过天府绿道建设引领全域增绿、配套设施提升绿道功能、植入业态营造生活消费场景、创新建设运营模式、塑造天府绿道品牌、引导企民共建共享。推动生态建设可持续发展，彰显秀美生动的城市肌理之美。按照"一轴两山三环七带"的区域级绿道、城区级绿道、社区级绿道三级绿道体系系统，坚持"景区化、景观化、可进入、可参与"的理念建设天府绿道，顺应城市、自然、人文等相互融合、有机更新的聚居形态，将"文体旅商农"功能融入绿道，推行"绿道＋生态保育＋场景营造＋慢行服务＋产业发展"模式，有机植入新消费、新经济场景，打造新时代"生态道"、新生活"打卡道"、新经济"活跃道"，形成相对完整的绿色空间系统，逐步描绘出大尺度公园城市肌理之美。

3.1.2 案 例

（1）锦城绿道

① 区位及环境。

自古以来"锦城"就是对成都的雅称，诗人杜甫留有"锦城丝管日纷纷，半入江风半入云"的名句。锦城绿道，顾名思义就是位于成都的绿道。锦城绿道作为天府绿道体系"三环"中的重要一环，是成都建设践行新发展理念公园城市示范区的标志工程，项目依托 133.11 平方千米环城生态区，建设具备生态保障、慢性交通、休闲游览、城乡统筹、文化创意、体育运动、农业景观、应急避难 8 大功能的 "5421" 体系，即 500 千米绿道体系（200 千米一级绿道、300 千米二级绿道、若干三级游览步道）；4 级配套服务体系（16 个特色小镇、30 个特色园、170 个林盘院落、若干亭台楼阁）；20 平方千米多样水系格局；100 平方千米生态景观农业区（图 3-1）。

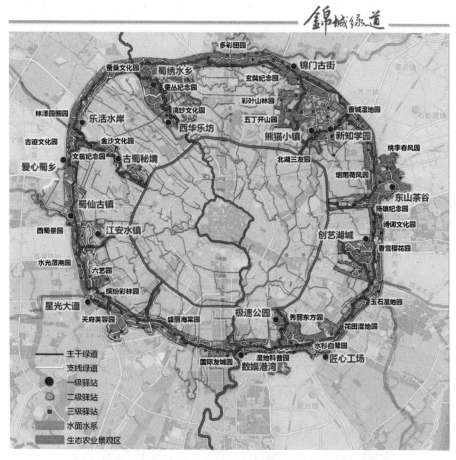

图 3-1　锦城绿道规划图

图片来源：成都市公园城市建设管理局信息公开 《成都市绿地系统规划（2013-2020）》
链接网址：http://cdbpw.chengdu.gov.cn/cdslyj/c110447/2015-04/08/content_9d1e1af143d
54c32a7a8796787d7ac56.shtml

② 游憩空间特色。

锦城绿道规划定位为"可进入、可参与、景观化、景区化"的城区级绿道，自 2017 年 9 月以来累计开工绿道 475 千米，现已建成 315 千米，建成特色园 4 个，在建 11 个，植入文旅体设施近 300 处；熊猫国际旅游度假区、交子公园商圈锦城主题公园、张大千艺术博物馆等一批重大项目正在加快建设；桂溪生态公园等 11 个形态优美、功能完善、场景丰富的建成园区，已全部对外开放（图 3-2）。锦城绿道正在逐步成为成都市民未来美好生活的一个主要承载空间，推动中心区转型赋能，巩固拓展提升生活中心、消费中心地位的重要支撑，成为成都走向世界的一张城市名片。锦城绿道游憩空间特色，一是营造大尺度绿色空间，形成环城生态带；二是植入多元化场景业态，打造绿色消费带；三是开创运营管理新模式，连接公共服务带。

图 3-2　锦城绿道游憩空间

③ 儿童使用情况。

锦城绿道大力实施"绿道＋"，构建多元生活和消费场景。在儿童使用层面，加强亲子旅居场景营造，设置特色小镇和川西林盘院落，有机嵌入和嫁接文化创意、观光农业、民宿餐饮等特色产业。加快绿道科普研学基地布局，集中呈现一批农耕文化、生态保护、国学知识、金沙文化、轨道交通等特色科普研学点位。加大建设特色生态性运动场地和设施，在培养青少年运动技能和运动习惯的同时，也进一步促进青少年素质全面提升。以锦城绿道南段为例，足球场、篮球场、网球场等运动场地一应俱全，水上运动项目更是受到热烈欢迎。为青少年们量身打造的龙舟、桨板和皮划艇等多项时尚的水上运动项目，以及云海寻宝、水上铁人三项赛（足球、拔河、激情水运）、泡泡秀等趣味运动项目，让孩童们在炎炎夏日体验有趣又有效的运动方式（图3-3）。孩子们在使用过程中体验运动角逐刺激的同时，也感受城市绿道的生态之美。

图 3-3　锦城绿道儿童使用

④ 参与式设计。

2019 年 10 月 28 日锦城公园国际建筑设计竞赛以"绿道，通往明日公园城市"为主题，正式开启全球招募。赛事邀请到 7 位来自全球一线建筑高等学府的教授及建筑师担任导师，参与评选和指导（图 3-4）。同时，赛事共吸引有效报名 223 份，参赛选手来自国内外一流建筑学府以及全球知名建筑事务所。2019 年 11 月，42 组参赛选手入围预赛，并在半个月的创作时间内提交设计成果。2019 年 12 月 5 日~6 日，7 位知名导师来到成都，与入围决赛的选手一同踏勘地块，并对选手作品提出宝贵建议。12月 7 日，锦城公园国际建筑竞赛复赛在成都梦想加空间举行。经过近 10个小时的激烈竞演，从来自 6 个国家 18 座城市的 21 位选手中选出"7 个最佳建筑展品"（图 3-5）。在 12 月 8 日的决赛现场，7 个地块的冠军团队再次站上舞台，争夺"最佳城市展品"。除了 7 位导师，还吸引了 50 位来自成都不同领域的大众评审。他们作为这座城市发展的见证者，作为在这个城市生活的成都人，给出了具有公众视野和行业思考的投票。可以说，这场汇聚了国际建筑大师和新锐建筑设计力量的赛事堪称成都建筑设计竞赛历史上，国际化程度最高、竞争最激烈的比赛。更重要的是，其中涌现的作品、观点的碰撞、行业的互动和公众的参与，无疑将在很长一段时间内，激发一座城市的创意力，并最终指向一座城市更好的未来。

（2）锦江绿道

① 区位及环境。

锦江绿道是围绕锦江沿岸两侧及相邻区域打造的一条生态绿廊，其在成都市域天府绿道体系规划中占据重要"一轴"。绿道北起都江堰天府源湿地，南至双流区黄龙溪镇（图 3-6），途径都江堰市、郫都区、金牛区、青羊区、武侯区、成华区、锦江区、高新南区、天府新区、双流区等 10 个区（市）。锦江是府河、南河、府南河的合称，主河道在成都市区绕城北城东而流，是成都的母亲河。锦江流域内有丰富的自然资源，造就了成都农业、饮食、文化的灿烂多姿，也孕育出成都 2000 多年的文明。锦江河道滨水区域分别于不同时间段先后规划建设了多条绿色廊道，一直以来都是成都市民生活休闲的好去处，也是成都城市生态建设的重要部分。

图 3-4　公众参与锦城公园国际建筑设计竞赛

图 3-5　锦城公园国际建筑设计竞赛"最佳城市展品"《观茶屋》效果图

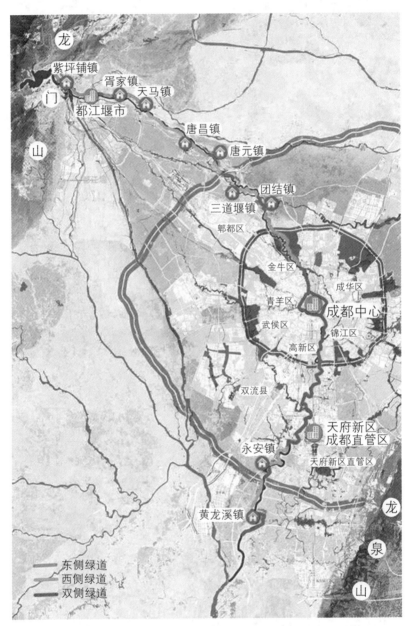

图 3-6　锦江绿道规划图

② 游憩空间特色。

锦江绿道依托 150 千米水道，打造长度 240 千米的生态绿道，共规划了五个文化主题段，分别是郊野绿色、创意天府、千年画卷、古蜀乡愁、伏龙开源。按照"连点成线、连线成环、连片成网"的规划，通过人性化设计，重点突出锦江绿道的主轴作用，以此推动天府绿道体系区域、城区、社区之间的互联互通。其对树立成都的城市品牌有重要作用，包括带动周边区域旅游发展，推动天府文化传播，提升成都市的软实力，以及强化市民对城市的认可度和归属感。在成都市老城区二环内的绿道，由府河段（东段）、西郊河 – 南河段（西段）组成，同时也是锦江绿道千年画卷主题段重点打造的城区级绿道（图 3-7）。其中东段绿道从北二环路一段至合江亭，主要打造文殊禅境、江湾活水、圣贤芳华等节点。老城区内的锦江绿道依托"两江抱城"区域及周边文化资源，展现"水润天府，花重锦官"的文化景致，激发城市活力，促进城市的更新。

图 3-7　中心城区锦江绿道"千年画卷"景观改造

③ 儿童使用情况。

锦江绿道积极推动市民及游客的游憩活动，在为成都的生态环境贡献力量的同时，更给人们带来独特的历史文化体验。从杜甫的"锦江春色来天地，玉垒浮云变古今""窗含西岭千秋雪，门泊东吴万里船"，到马可波罗的"有一大川，经此大城，川中多鱼，川流甚深……水上船舶甚众，未闻未见者，必不信其有之也"，锦江流经成都市区，水脉悠悠，船只来往，承载着成都的历史厚度与文化深度。极具地域特色的节事景观"夜游锦江"便是其中浓墨重彩的一笔（图3-8）。搭乘乌篷摇橹船或画舫，以锦江故事卷轴为主线，串联都市休闲、东门集市、闹市禅修、锦官古驿四大片区，不仅让成人们惊叹"老成都、蜀都味、国际范"，更是带给儿童非凡的声光画影多重感官体验，堪称完美的文化科普生态博物馆。

图 3-8 "夜游锦江"节事景观

④ 参与式设计。

成都市政府在规划锦江绿道时，在遵循"以人为本"的原则上打造现代公园城市的标准范例，打造成都旅游"新地标"、市民休闲消费新场景。成都锦江绿道集团公司在锦江绿道的建设项目中，曾面向公众公开征求意见,广泛听取社会各界对锦江公园核心区建设项目的意见和建议。2019 年 12 月 10 日,《合江公园慢行一体化示范段方案》的专家评审会在合江亭旁的听涛舫召开。专家评审会对合江公园的总体定位较为认可，同时在文化、业态等方面提出了建议。按照"不策划不规划、不规划不设计、不设计不施工"的要求，将兰桂坊、合江亭、音乐广场纳入合江公园片区统筹考虑，通过梳理两岸现有资产，植入新的消费场景，根据不同客群，设置多条游线和多种游览方式，策划网红活动等。总之，成都市政府和规划设计建设公司等，在充分听取公众意见之后，力图做出最大限度满足民众需求的设计方案。

3.1.3　小　结

成都市以绿道为生态脉络建设美丽宜居公园城市，全域布局大尺度生态廊道，以山水田林为景观，匠心营建沿山沿绿沿水布局的多元景观体系，以高标准生态绿道串联城市社区，打造描绘蓝绿交织、疏密有度的城市画卷，向世界展示城绿交融的城市格局之美，塑造人与自然和谐共生的城市形态，开辟城市永续发展新空间。天府绿道（锦城绿道、锦江绿道、熊猫绿道），融合了城市、乡村和自然，倡导一种"全态"的生活方式。沿天府绿道串联生态区 55 个、绿带 155 个、公园 139 个、小游园 323 个、微绿地 380 个，加快形成生态区、绿道、公园、小游园、微绿地的五级城市绿化体系，共植入了 2525 个文旅体设施，其中文化设施 641 个，旅游设施 580 个，体育设施 1223 个，科技展示应用设施 81 个。

3.2　公　园

3.2.1　简　介

公园是市民日常生活中非常重要的公共场所，对有孩子的家庭尤为如此。人们重视公园和游乐场的建设，是因为对健康生活方式的追求。尤其对于儿童和成年人，需要能在清新的空气中锻炼身体。本书第 2 章

第 2 节通过研究综述指出，玩耍对于儿童至关重要，这使得关于游乐场的研究非常火热。联合国《儿童权利公约》中第 31 条提道：儿童有玩耍的权利。儿童在玩耍中通过角色扮演和表演，锻炼了他们的肢体技能、想象力和表达力。高品质的公园和游乐场会自然吸引儿童的注意力，激发儿童玩耍的欲望。家长和成年人也能享受到游乐场和公园带来的乐趣和闲适，他们可以轻松地在游乐场和公园与儿童互动。

成都市以"公园＋"建设模式推动城园相融共进。依托大熊猫国家公园、龙泉山城市森林公园为重点的世界自然遗产地、风景名胜区、自然保护区、湿地公园等生态空间，建设支撑城市永续发展的生态公园；结合花卉苗木产业等农业景观、川西林盘等田园景观，建设传承都江堰农耕文明，彰显天府文化特色的田园公园；依托"一轴两山三环七带"的天府绿道体系，形成景观化、景区化、可进入、可参与，天府绿道串珠状、带状公园群；结合环城生态区、兴隆湖生态区等，建设近郊生态游憩空间的郊野公园打造"千园之城"，通过老旧公园改造升级，如拆围增景和"老公园·新活力"三年计划，以及新建多类型特色化公园，如"百个公园"示范工程，逐步构建起全域覆盖、类型多样、布局均衡、功能丰富、业态多元、特色彰显的全域公园体系。

3.2.2 案 例

（1）桂溪生态公园

① 区位及环境。

桂溪生态公园位于成都市高新南区，北临绕城高速与环球中心毗邻，南临天府一街、世纪城路与省广电中心、新会展中心相连，西临益州大道与锦城湖公园相望，东临红星路南延线与江滩公园相接，天府大道从中部穿越。由天府大道步行桥将公园东西两个片区融通。公园东西长为 2100 米，南北宽 600 米，总用地面积 9.46 万平方米（图 3-9）。桂溪生态公园作为成都环城生态带上的重要环节，城市主轴上的生态轴心，高新区的公共开放绿核，容纳丰富多元的都市活动，坐拥周边日益成熟的都市环境，且位于锦城公园、大源中心绿地、中和湿地公园、江滩公园四个重要公园的点位中心，起着至关重要的承上启下的作用，是成都最有魅力的中央公园。

图 3-9　桂溪生态公园区位环境

② 游憩空间特色。

公园总体形成"一轴、两带、六区、多节点"的景观结构。其中"一轴"为核心生态绿轴;"两带"为北部绕城生态缓冲带、南部都市开放活力带;"六区"为根据文化脉络形成六个功能主题区:梦想高地、多元草坪、逸趣山地、自然循环、乐活银湖与森林养生;"多节点"则是围绕"一轴""两带"及"六区"的主游线形成若干串珠状景观节点。梦想高地区中的景观节点繁星山丘可供人们休闲游憩、交流使用。多元草坪区中中央草坪、银河音乐舞台、银河星环、午休花园四个景观节点,为都市活动提供了活动场地,又为游人提供了休闲场所。逸趣山地区设置银石滩、感官花园、银河之路三个节点,银石滩通过河滩景色,让人驻足观赏,感官花园种植大量可观赏植物,供人们赏乐,银河之路为游人提供优美的漫步空间。自然循环区设置山憩童趣和甘霖花园节点,山憩童趣通过建设供儿童娱乐玩耍的游憩设施和服务设施,为儿童的休闲娱乐提供场地,甘霖花园通过植物的搭配,营造不同的植物空间。乐活银湖区设置银草滩、月洒银湖节点,为游人提供滨水游憩空间。森林养生区通过密林与小路，营造出独特的野外游憩感（图 3-10）。

图 3-10　桂溪生态公园游憩空间

③ 儿童使用情况。

桂溪生态公园积极利用园内 200 万平方米的现状弃土营造立体浅丘群，形成不同趣味的土丘与山地。起伏开阔的缓坡组团以及大面积的开放式草坪空间，为游人和儿童提供了休闲活动娱乐场地（图 3-11）。自然循环区设置的山憩童趣节点（Mountainside Children's Delight）通过建设供儿童娱乐玩耍的游憩设施和服务设施，寓教于乐。在儿童游戏场设计兼顾安全与趣味的戏水设施，引入来自丹麦的 KOMPAN 或同等级国际定制版儿童活动设施，凸显园区品质与乐趣。在公园的生态基底上，设置了各类运动场地，如篮球场、足球场、羽毛球场、乒乓球场、弹性运动场地、儿童活动区等。园内建有集休闲、健身、观景为一体的自行车骑行体系，道路串联起园区中各处驿站，兼顾游览与服务的功能，骑行、步行无缝衔接，满足游人和儿童不同的运动方式和运动体验。

图 3-11　桂溪生态公园儿童游憩活动

④ 参与式设计。

桂溪生态公园在初期规划设计建设中并没有引入公众参与，但在其使用过程中却不断融入公众参与理念与参与式设计活动。例如 2018 年元旦小长假第一天，桂溪生态公园推出"小小建筑师"活动（图 3-12），旨在让孩子们体验在城市"森林"里"搭房子"，丰富市民的假期生活。宽阔的大草坪上聚集了不少家庭，一群"小小建筑师"们分组、开会、绘图、施工，在工作人员协助下，有模有样地"搬砖盖瓦""施工造楼"，忙得不亦乐乎，引得不少前来游玩的路人驻足围观。活动现场，成都天府绿道建设投资有限公司相关工作人员介绍，5～8岁是孩子空间思维敏感期，通过这种寓教于乐的方式，不但可以提前培养空间抽象思维，有助于他们理解平面图中柱子墙体和梁的表达方式，还可以增进亲子感情培养，锻炼团队协作能力。长期以来，桂溪生态公园一直将探索和表达成都独属的都市性格与魅力作为贯穿始终的文化轴线，结合功能分区引入包括圣诞焰火节、城际青少年足球赛、桂溪音乐节、桂溪动漫节、繁星儿童户外音乐剧、亲子周末主题活动、梦想天空微电影节、桂溪艺廊年展和成都公园城市国际花园节等独属于桂溪生态公园的特色年度活动，以人为本，激发活力，满足不同人群对公共空间的需求。

图3-12　桂溪生态公园"小小建筑师"活动

（2）交子公园

① 区位及环境。

交子公园位于成都市老城中心与天府新中心之间的金融城区域，总占地面积约 83 万平方米（含锦江水体，规划从天府大道延伸至锦华路，分为河西、河东及锦江绿道交子公园段三个部分，整体呈"一轴两带"形态。公园景观绿化设计总用地面积 47 万平方米，其中河西片区 18.2 万平方米，河东片区 12.3 万平方米，锦江绿道交子公园段 16.5 万平方米。目前锦江绿道交子公园段和河东片区正处于施工建设阶段，建成并投入使用的河西片区（图 3-13）西连天府大道，东临科华南路，正对天府国际金融中心（Tianfu International Finance Center），可谓是承载稀缺都市共享价值、黏合新旧城区的城市会客厅。

图 3-13　锦城绿道南段

图片来源：成都市交子公园投资公司

链接网址：http://www.cdjrc.com/zxzx.asp?sortid=63

② 游憩空间特色。

交子公园定位为城市 CBD 区域的生态艺术综合性公园，是金融城地域文化的载体、绿色生活的基石。公园附近的居住人群以中青年为主，工作人群以金融、商务人群为主。已建成开放的河西片区分为城市阳台区、生态艺术区和都市活力区三个区域，每个区域都有不同的特点及功能。公园入口设有西入口 2 个、东入口 2 个、北入口 4 个和南入口 4 个。道路设有环湖路、跃帘桥、虹影飞廊、云桥、锦桥和云阶。建筑及景观设有交子阳台、交子湖（图 3-14）、观景台、交子水镜、交子驿、交子小筑和交子博物馆。其中博物馆总面积约 4200 平方米，其中展陈面积约 2500 平方米，将是国内首家以交子为主题的专业金融博物馆（图 3-15）。公园内基础设施和导识系统设计完备,儿童设施齐全,设有悦动球场、悦动乐园等运动设施,还设有自行车道和专门的跑步道,同时配套打造人行景观桥横跨锦江,形成独特风景。公园将自然文化与都市活力融为一体,是休闲健身的好去处,也将是城南新文化中心,极大地丰富了成都市民的文化艺术生活。

图 3-14　交子公园交子湖

图 3-15　交子公园交子博物馆入口

③ 儿童使用情况。

建筑是城市意象的重要组成部分，紧邻交子公园北部的成都银泰中心 IN99、华尔道夫酒店等高端商业载体面积达 36 万平方米。其中银泰中心 IN99 商场 L5 层便是以儿童业态为主的国际儿童品牌区，旋转木马区、水景庭院区都独具梦幻与艺术感，满足了室内儿童游憩需求。商场 3 楼还有一家由 LINE FRINDS 与银泰 IN 品牌联袂打造的全球第二家潮玩卡通主题儿童乐园 IN KIDS WITH LINE FRINDS，以环保和自然为理念设计，围绕森林与海洋主题打造了多款游乐设施。窗外正对坐落在 CBD 之中的交子公园，风景别具一番风味。室外天气恶劣的时候，银泰中心 IN99 商场成为交子公园室内儿童活动体验的良好补充，儿童在此活动的同时，家长们也可以有自己的时间和空间，在这里放松地喝一个下午茶。

交子公园内设有专为儿童活动使用的户外儿童游乐园（Children's Playground）（图 3-16），以便充分利用户外资源，滑板区、篮球场（图 3-17）、眺望台、游乐城堡、娱乐沙坑、自行车道、跑步道和各类儿童游戏设施及智能健身器材，不同区域满足不同年龄段青少年及儿童的游玩和探索需求。智能健身器材在满足 3 ~ 80 岁年龄段不同人群的需求基础上，集结互联网、大数据、物联网、云计算等现代前沿科技，在人们锻炼的同时，还可以实时监控运动状态并获取有效的科学运动建议。自动贩售机也以科技感的国宝大熊猫外形为主题，放置于人群较密集的儿童游玩区内，更贴合童真特色。公园内大片的开放草坪可供儿童自由奔跑且没有什么危险，天气好的时候还可以在草坪上享受户外野餐。

图 3-16　交子公园儿童游乐园

图 3-17　交子公园篮球场

④ 参与式设计。

交子公园横越锦江中轴线，拥有锦江和环城生态区两大市级生态资源，同时秉承"人文关怀、低碳生态、高能高效"的国际化理念，将生态艺术和都市活力融为一体，利用多元复合的游憩空间，串联新的生态场景、生活场景、消费场景，其所带来的新的经济形态和生活方式，构建了新的成都宜居生活。作为 2022 年成都初步建成国际消费中心城市的重要载体，交子公园商圈将打造成为国际消费中心城市功能区，国际旅游目的地承载地，以及公园生态价值转换的典范（图 3-18）。具体怎么建，人民群众说了算。2019 年 12 月 9 日交子公园商圈概念策划通过成都规划和自然资源公众平台官网及官方微博正式发布，并对外征求公众意见，邀请广大市民一起来建言献策，为美丽的公园城市建设提出宝贵的意见，助力交子公园成为成都面向世界最靓丽的一张名片。

图 3-18　交子公园商圈新场景概念图

3.2.3　小　结

　　成都致力于打造"千园之城"，塑造"城园相融"的全域公园大美形态。截至 2019 年底，市域已完成拆围增景改造总面积 18 500 平方米，拆除围墙 600 米，铺设道路 2200 平方米，栽植垂丝海棠、红枫、黄角兰等乔灌木，打造形成景观优美、色彩缤纷、季相分明的多样性植物群落公园景观，成都人民公园、百花潭公园、望江楼公园的"老公园·新活力"提升行动已初见成效。开工 48 个公园项目，完工 22 个，累计完成投资约

60.84 亿元，依托地方特色文化，融合"农商文旅体"，塑造功能复合、全龄友好的特色消费场景，打造一批具有国际范、天府味的特色公园 IP 和"网红打卡点"。如新津县红石涵养湿地公园挖掘红石文化，打造水上森林、涵养水源生态，园内布置观鸟平台、红石工坊、儿童乐园等设施服务周边市民，丰富公园形态；金牛区新金牛公园以绿色开放营造多元资源空间（公园、地铁、商业），带动周边土地溢价翻倍。据观察，伴随公园城市建设而建成或完成更新的游乐场非常受市民欢迎。这些游乐场不是主题性游乐园，但每个游乐场的设施、材料和环境背景，都反映出它们对玩耍的不同理念的诠释，别具特色。游乐场充分利用了它们的地理位置，与周围环境相呼应，例如地形、水景、树林和当地历史文化等。由于其独特的趣味性、好品质和易到达等特点，甚至吸引了许多住在较远社区的居民和访客。

3.3 社 区

3.3.1 简 介

场景营城是近年来成都在公园城市建设探索实践、创新中形成的重要理念，强调以绿色空间为载体，统筹生态、功能、景观、业态、活动组织等多维要素，共同营造城市氛围，提升城市的活力和吸引力。场景即情景、场面，指戏剧、电影等艺术作品中，在一定时间、空间内，因人物关系所构成的具体画面，也是表现剧情具体发展过程中，人物行动和生活事件的阶段性横向展示。从概念内涵可以看出，场景的目的与核心要素是人物的关系、行动和生活事件，场景的从属与支撑要素是在时间和空间背景下构建的物质环境。"公园城市"理念下的公园城市场景营建，即在"公园城市"理念指导下，以公园绿地和开放空间为载体，统筹生态、用地、景观、业态、活动组织等各类要素的组织与优化，营建多种类型的公园化的城市意象，促进新交流场所、新服务功能、新消费业态、新活动类型的形成，塑造"美丽、幸福、宜居、活力、舒适"的整体氛围，满足人民日益增长的美好"户外公共"生活需要和城市更新与转型发展诉求。

和谐社区建设是当前中国城市管理改革的重要内容。社区公共空间人性场所的营造是和谐社区建设的重要组成部分。但在今日我国城市住宅房地产开发表现出的繁荣图景的背后，我们看到的却是社区公共空间人文精神的缺失。许多居民将自己封闭在个人家庭的小圈子中，对邻居熟视无睹，对景观中的动植物置若罔闻，无法融入并成为社区公共空间景观的一部分。事实上，人与人及人与其他生物积极主动地相互交流活动，才应是社区公共空间的特征表现。现代城市是由邻里单位构成的有机整体，推进公众参与式设计，邻里社区是最理想的单元。

3.3.2 案 例

（1）玉林小区

① 区位及环境。

春熙路是成都的面子，玉林才是成都的里子。一首《成都》让玉林小区再次红遍大江南北，它是成都人生活方式的典型代表。东至人民南路，西至永丰路，一环与二环间的区域范围就是传统的玉林。在这仅 2 平方千米的区域内，分布着大大小小近百条街道，它们从大到小被命名为：路、街、巷。置身其中，能够深切感受到这片土地所承载的城市生活记忆和它散发的独特魅力。

② 游憩空间特色。

成都积极建设践行新发展理念的公园城市示范区，玉林以自己的步调，在老旧与熟悉之间，不断更新。走进玉林小区，这里有潮流的景观，有绚烂的墙绘（图 3-19），有灵活的艺术展览，有地道的美食，更有香醇咖啡和酒精（图 3-20）牢牢吸引着往来的人们。人们在闲暇时光里，对于休闲娱乐活动和场景的需求，总是共通的。茶馆、咖啡馆、视听剧院等场景，都能为度过悠闲时光的人营造出独特的氛围。在 20 世纪前半叶的成都，几乎每条街都有茶馆，当时的成都人，在茶馆里体验的公共生活场景和文化现象，与现代成都的年轻人在成都的咖啡馆里展示出的面貌，可能有许多相似之处。同 20 世纪初的茶馆一样，现在的年轻人去到咖啡馆，也从来不只是为了喝到一杯咖啡。城市与人开始合力形塑理想之城，对线下生活与创意体验注入更多个性与想象力。在成都玉林，压根儿不用呼吁让艺术走出白盒子，因为它原本就在街头发生，与菜市、火锅店、酒吧、咖啡馆、面馆、水果摊……与我们能想到的任何有关生活的业态共生。经年累月，它们就像长在街头似的，以最平凡却最高级的方式，与人的生活融为一体，成为一种社区共识。

图 3-19　玉林小区墙绘艺术

图 3-20　玉林小区咖啡馆

③ 儿童使用情况。

"巷子里"的小场坝是每个社区都有的居民活动公共空间，玉林东路社区每周会在此开放活动，联动社区的大人小孩一起，让这片空间充满欢乐与笑声。2019 年落地在玉林东路社区的 CAP 社区艺术计划，是将老旧车棚改造，在里面办展览，并举办一些娱乐活动，这是之前没有过的玩法。2020 年的 CAP 社区艺术计划以"自定义运动会"为主题，这里有 Yuchenrui Automata 创作的"RunBall 球你快跑"——一款基于传动原理的小球运动装置，不管大人小孩老年人，都愿意参与其中（图 3-21）。还有陈呈创作的"你好，小时候"，在传统跳房子的基础上改进新路线，增加趣味性，一度成为"随便是谁走过都想要蹦一蹦"的装置（图 3-22）。在玉林，也会经常举办亲子摄影活动、儿童志愿服务等类型的社区活动，以此让青少年更了解社区，更了解自己生活的区域（图 3-23）。

图 3-21　运动游戏装置"RunBall 球你快跑"

图 3-22 运动游戏装置"你好，小时候"

图 3-23 儿童志愿服务玉林社区活动

④ 参与式设计。

大拆大建的建设方式在玉林并不可取，开展微更新才是解决社区问题更好的途径。2020年玉林街道面向全球招募社区规划师，成都市规划设计研究院的相关工作者带着对生活的热爱走进玉林、走进社区，启动了青春岛社区的规划研究工作。规划设计师们经过实地调研与理论学习，总结出了一套参与式的四阶段工作法，先建设团队寻找问题，后共谋方案落到实地。

第一阶段"搭台织网"：联合社区居委会、社会组织共同组建微更新工作小组，向上衔接街道，向下联动社区居民及其他主体。

第二阶段"望闻问切"：搭好了台就启动调研，首先开展全天候地毯式调查，规划师们从早到晚都泡在社区，观察不同时间人的活动；为了覆盖更广泛的人群收集更多的信息，结合居民生活和使用习惯开发微信小程序；为了加强信任良好协作，策划多次活动拉近距离，甚至表演小品讨公众欢心；为了挖掘记忆碎片和文化内涵，隆重召开故事分享会，最终参会居民有 50 多位。

第三阶段"共绘蓝图"：整合多方意见和诉求，编制了规划方案，并反复讨论优化；人们不只关心柴米油盐，很多人都能够发表建设性意见，各种奇思妙想让规划师们眼前一亮；专业人员摒弃专业术语让规划浅显易懂，做模型让大家看得明白清晰。

第四阶段"共建共享"：虽然社区的经费非常有限，但共绘的蓝图打动了上级部门，加上各方捐赠，共筹到了首批 13.3 万资金；在居民的商议下，决定优先保障快乐农场落地，原本的荒地被改造成了菜地，开展"社区规划师训练营"，巧用本地居民进行管理，通过有偿认领持续运营。这块看似平淡无奇的菜地，没想到受到了前所未有的欢迎，不仅社区来此开展活动，学校来实践教育，收获的蔬菜定期还会送给困难人群。它将不同社区群体紧密团结在了一起。更没想到的是，这颗洒在玉林青春岛的种子，触发了成都全市社区微更新行动。在社治委的推动下全市 200 多个微更新项目开花结果，让社区生活变得更美好。

（2）回家的路

① 区位及环境。

成都市坚持以人民为中心的发展理念，聚焦市民回家的最后一公里，实施形态修补、业态提升、文态植入、生态修复和心态改善，构建慢行优先、绿色低碳、活力多元、智慧集约、界面优美的社区绿道网络体系。2019 年，打造完成社区绿道"回家的路"100 条，未来将打造 1000 条"回家的路"（图 3-24），进一步构建完善"15 分钟绿色生活圈"，切实提升群众获得感、幸福感和安全感。

图 3-24　回家的路生活场景

② 游憩空间特色。

随着美丽宜居公园城市建设的深入推进，一幅人与城市、人与自然和谐共生的公园城市画卷正徐徐铺开。"九天开出一成都，万户千门入画图"，以"毛细"绿廊连接回家之路，不只是生态，更是以"需求"为导向叠加包含休闲、健身、游戏、科普、文化体验多元化功能。在社区级绿道建设中，利用街边开阔地带设置休憩驿站，秉承小型化、便利化的布局特色，融合周边环境风貌，结合亭、台、楼、阁、牌坊等构筑，承担了绿道基础服务功能。通过嵌入地域文化元素，植入新经济业态、提升商业品质、完善夜间照明、依托天网和"雪亮"工程打造安全绿道、平安社区，突出书店、花店、商店、咖啡馆"三店一馆"基本生活服务配套，营造温馨生活场景，让逛市场、喝咖啡、游绿道、邻里社交、儿童游乐、运动锻炼六大生活场景都在回家的路上串联起来。

③ 儿童使用情况。

"回家的路"以生态为标准营造社区绿道场景，通过疏密人行林荫空间、补植修建行道树，使用环保、透水、工业化的铺装材料，开展街区公共空间景观化、立体绿化、拆墙透绿、小微绿地等工作，营造生活美学氛围。打造后的社区绿道沿路不仅拥有绿化树池、街边花园等绿化景观，更将健身休憩设施、儿童游乐设施、公共艺术小品融为一体。在市民日常生活中，弹簧木马、趣味沙地、迷你攀岩等相关游戏、运动、休憩设施，满足了不同年龄段儿童及监护人从静态到动态活动的可能，让孩子们在儿童乐园内玩得不亦乐乎。同时，成网成链的毛细绿廊提供了很多儿童随时随地贴近自然、发现自然、开发智力的机会。儿童比其他任何年龄段的人都喜欢亲近自然，他们天生爱跟自然玩耍，水、树叶、花草、沙土等都是他们的玩具。和自然紧密融合的场地一方面吸引着他们的注意力，一方面也教会他们自然生长和循环的基本道理。大多数家长表示，他们几乎每天都会带孩子沿着社区绿道去附近的公园绿地游乐场等，主要原因是可达性和可实现性高（图 3-25）。

图 3-25　回家的路儿童游憩行为

④ 参与式设计。

以整合为手段推进共建共享。制定"回家的路"建设指引，将"回家的路"建设与"五大行动"、示范特色街区打造、社区生活性服务业发展、"社区微更新"等工作紧密结合、同频推进。强化资源整合力度，聚指成拳，以集成式、集中式、片区式的打造理念，切实增强"回家的路"显示度。建立广泛发动群众的工作机制，鼓励居民参与社区绿道项目设计、建设、验收和维护，鼓励运用商业化逻辑、市场化手段，充分发动社区居民、驻区单位、社区规划师等多元力量参与，积极探索建立政府扶持、社区众筹、社区基金会等多元投入机制，凝聚社会力量，释放治理活力，营造共建共治共享的良好氛围。

3.3.3　小　结

成都市坚持以人民为中心的思想，积极推进社会事业发展，加快推进民生福祉普惠均衡，连续 11 年位居"中国最具幸福感城市"榜首。成都以最贴近市民的社区街区为小切口，每年打造一批"公园式特色街区"，营造宜居宜商宜业的美丽城市环境。公园式特色街区选择在历史文化片区、特色商区和居住社区等区域（中心城区 10 万平方米以上，郊区市县 5 万平方米以上），综合利用植物雕塑、棚架绿廊、墙体绿化、花境等多种绿化形式，统筹结合行道树增量提质、立体绿化、拆墙透绿、花重锦官、小游园为绿地建设、园林式居住小区和新农村绿色家园建设等各项工作，整体提升街区总体环境，集中塑造绿量丰满、特色鲜明的绿化区域。2018 年以来，累积打造"公园式特色街区"近百个，通过现场评比、网络评选方式，武侯区玉林片区、青羊区少城片区、成华区杉板桥片区等 13 个街区荣获"最具人气""最具现代感""最具立体绿化特色""最具音乐文创特色"街区等称号。同步发动社区、商家、居住小区等社会单位开展园林绿化"共建共治共享"，营造爱绿、植绿、护绿氛围，提升市民参与感、获得感、幸福感。

3.4 文博教育

3.4.1 简 介

在当今日益多元化的教育环境下，家庭、学校、社区、教育机构以及城市博物馆、美术馆构成了一个理想的教育网络，成为全球不同的城市社区发展的新方向。公园城市的谋划境界和建设路径应遵循自然与人文的高度契合、历史与现实的交相辉映、空间与事象的精彩营构、生活与生命的美好舒展、品牌与价值的完美重构。成都到 2025 年要初步建成践行新发展理念的公园城市示范区，应坚持以项目带动区域文化教育发展，建立起一流水准的图书馆、博物馆、音乐厅、歌剧院、美术馆、画廊、展览厅、文化公园、文化广场以及体育中心等城市文化标志性设施，构建以地域特色文化为基底的城市文化教育新体系。绿色校园广植树木，涵养都市水土，保护野生动植物，是绿地系统中除公园外最重要的组成部分。据笔者粗略统计，成都市区学校用地面积约占全市公共设施用地总面积的 19.1%，仅次于道路面积的 41.2% 及公园面积的 20.3%。按照景观生态学的观点，学校区位特性及空间特性独特，特别是城市中小学校，犹如绿色斑块均质散布于城市社区之中。若将各个绿色校园经由绿道系统交互串联，可以构建起完美的城市生态系统网状模式，对于对抗绿地细碎化、维护生态稳定度有着积极意义。

本节从"文博成都"与"优教成都"两个视角选取案例，探讨共商共建的高品质精神文化的源泉和教育场所。

3.4.2 案　例

（1）麓湖 A4 美术馆

① 区位及环境。

麓湖 A4 美术馆坐落于成都天府新区的麓湖生态艺展中心，由"大地建筑之父"安托内·普雷多克（Antoine Predock）担纲建筑设计。临湖而建的艺展中心与周围红砂岩地貌融为一体，成为天府新区的标志性建筑之一（图 3-26）。A4 美术馆于 2008 年 3 月由成都万华投资集团有限公司创办，在创始馆长孙莉女士的带领下，美术馆 12 年的实践经验和学术研究，一直关注和推动优秀艺术家及当代艺术的前沿发展。透过国际合作与交流，关注在地实践，以丰富多元的公共教育与文化活动，强化与社区、城市的互动与合作，推动城市新的艺术生活方式的形成。

图 3-26　麓湖 A4 美术馆环境

② 游憩空间特色。

麓湖 A4 美术馆总面积 3500 平方米，包含了由 DesignARC 设计的三层独立展厅，独立的儿童艺术馆、公共图书馆、学术报告厅、多功能展演厅、驻留工作室、艺术品商店、艺术咖啡等功能空间（图 3-27）。儿童艺术馆是 A4 美术馆新开放的公共教育空间，也是中国西南地区第一家由当代美术馆设立的儿童艺术馆，以儿童为中心建立家庭、社区的共同学习社区。其中常设空间包括儿童绘本馆、多功能小剧场及工作坊空间三个主要的公共教育空间，开展丰富的儿童、亲子、社区、教育项目，遵循创新教育理念，为儿童提供全感官学习的环境和机会。观众来到美术馆，不单纯是看展览，其实在使用中会或多或少对儿童教育有新的认知。

③ 儿童使用情况。

延续此前对"艺术教育""美术馆教育""创新教育"三大主题的关注，A4 美术馆聚焦于"馆校合作""社群自组织联动""儿童项目学习"的核心主题并展开相关活动。A4 美术馆从 2008 年开启儿童教育的研究与实践，于 2014 年举办首届 iSTART 儿童艺术节，成为年度艺术项目。iSTART 儿童艺术节设置当代艺术主题展、儿童艺术展、国际教育论坛以及丰富的工作坊、讲座、展演、市集等系列活动，并通过研发参与性项目与社会广泛合作，让美术馆的观众从参与者转变为共创者。儿童艺术节持续地探索艺术家在儿童艺术教育中的角色，推动艺术创作的实践，艺术节以儿童的创造力为核心驱动力，让孩子们成为艺术节的主要创造者与行动者，动员社会共同搭建更广泛的儿童艺术教育的社会化网络和平台。更新的艺术教育理念，通过 iSTART 这个平台传播出去之后，会发现成都现在在儿童的艺术教育的方向上面比其他的城市可能走得更快一步（图 3-28）。

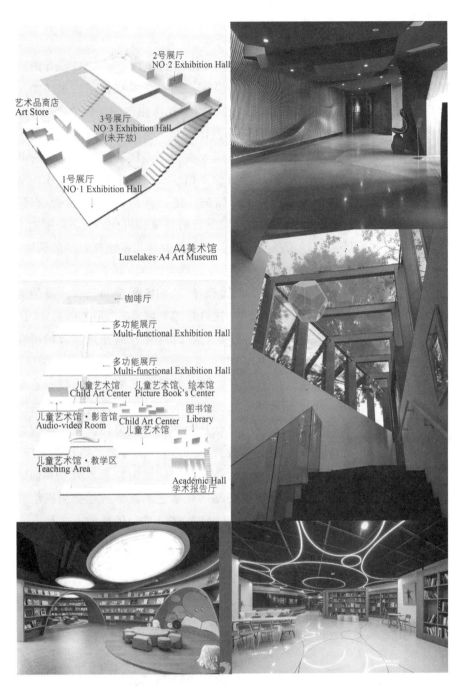

图 3-27　麓湖 A4 美术馆游憩空间

图 3-28　麓湖 A4 美术馆"iSTART 儿童艺术节"项目

④ 参与式设计。

小小导览员项目是由麓湖·A4 美术馆发起的针对儿童及青少年群体的公共项目之一，也是 A4 儿童艺术馆的年度项目之一。基于美术馆的年度艺术展览，针对性个性化地研发每期小小导览员活动，让"导览"不再是枯燥地背诵导览词，而是鼓励孩子们用更有趣的方式，真正通过自己的眼睛去理解和解读当代艺术作品。跨越整个展期的小小导览员项目将让孩子们深度了解展览的同时，充分地展现自我，挖掘自己不一样的闪光点。在展期结束时，还能参与一次创意无限、意义非凡的结营仪式并得到结营证书，每位孩子将在这趟旅程中都收获对当代艺术新的认知与理解。

在 2020 年 iSTART 开展后，如期进行了"小小导览员"项目。都说孩子是天生的游戏家，没有小朋友不爱玩游戏。那么当"导览"遇上"游戏"会碰撞出什么样的火花呢？11 月 8 日下午两点，10 位年龄不同的小朋友陆续抵达培训地点——A4 图书馆。签到后，小朋友们先拿到了 2020 iSTART 儿童艺术节导览手册，浏览翻阅，提前对展品进行了简单了解。

培训正式开始后，KK 老师介绍了本次的展览以及设计游戏的方法，让每个小朋友都可以成为"游戏设计师"。随后，为了让小朋友们更清楚了解即将面临的导览工作，峤峤老师带领大家去了 A4 美术馆的主展厅，为大家详细讲解了"do it"当代艺术主题展和行动学校儿童艺术展两个展览的背景故事以及部分作品。在参观完展览作品后，大家又回到了图书馆，开始准备展览游戏设计方案，将想要介绍的作品和路线变成有趣好玩的游戏并不是一件简单轻松的"工作"。不过，小朋友可是天生的游戏家，在老师们的引导和家长们的助力下，他们构建起自己的框架后，"导览"就成为一场有趣的"游戏"，每位小朋友都上台分享了自己的设计成果。有的设计糖果主题，有的设计的十二生肖主题，有的设计了一场小恐龙的冒险记……（图 3-29）

麓湖 A4 美术馆聚集了一群常年在博物馆、美术馆、学校、社区中践行"以公众为核心""以儿童为学习主体""以提供更公平与适合的学习环境"等使命的"行动者"，他们的工作是巨量而且隐秘的。无论是长期反思与挑战传统教化理念，还是持续调研具体的参与者、学习者、特定人群以及社区；举行大量的形式不一的项目沟通会议与系列工作坊，抑或在更为宽广社会田野中的项目参与跟进；为特定人群所共同筹划常年项目，为不同文化冲突间的人们找到对话与共同学习方式的研发项目……他们的工作为我们勾勒出了一幅不同于惯常艺术系统与教育系统的行动者画像，他们是打破不同群体认知壁垒的连接者与社会系统的修复者，让人记忆深刻。

图 3-29　麓湖 A4 美术馆 iSTART "小小导览员" 项目

（2）成都蒙彼利埃小学

① 区位及环境。

锦城湖，鱼翔浅底，水鸟嬉戏；柳枝婀娜，钢桥旖旎。百步之遥，朝气蓬勃，书声琅琅，这里就是成都蒙彼利埃小学，位于成都高新区盛兴街196号，与锦城湖4号湖区相连。蒙彼利埃和成都是中法首对友好城市，两座城市相互建立了"姐妹学校"，成都的叫成都蒙彼利埃小学，在蒙彼利埃的就叫成都小学。2014年蒙彼利埃小学正式开学。随着教育需求的不断增长和校园活力的提升，为推动高新教育的高质量发展，打造教育现代化的先行区，2019年，成都蒙彼利埃小学扩建项目正式启动，2020年9月正式投入使用，建筑总面积达到80多亩，成为成都主城区最大的"湖景学校"（图3-30）。

图 3-30　成都蒙彼利埃小学鸟瞰图

② 游憩空间特色。

走进成都蒙彼利埃小学校门，那栋1:1还原法国蒙彼利埃成都小学的老教学楼依然雅致温馨，保留着独特的法式风情（图3-31）。而扩建后新增的校园建筑在旁边延绵排开，结合高低错落的地形、优美的绿化、镜面水景等丰富的校园景致，使校园景观整体成为一个向室外扩展的"学生休息室"（图3-32）。同时拥有更加现代化的教室空间、活动空间、专用音乐厅、室内运动场、室内恒温游泳池、健身房、报告厅、图书馆、艺术楼等超大活动空间和丰富的功能区域。每间教室配备中央空调、新风系统等先进的硬件设施设备。开放和相互融合的校园环境能给学生更多的自由、空间、时间，让儿童能够自主地发展。

图 3-31　成都蒙彼利埃小学法式老教学楼

图 3-32　成都蒙彼利埃小学扩建后校园景观

③ 儿童使用情况。

随着社会不断发展，学校教育越来越超越知识"传授"和技能"训练"的范畴，更加强调核心素养的"建构"、性格的"养成"和知识技能的"探索"，从追求共性转向提倡个性。学习空间也随之而变，不再是一个固定、独立的房间，非正式学习空间、半开放学习空间和全开放学习空间无处不在……教室是不规则的多边形，教学区域采用了推拉式的墙壁，充分满足不同形式的教学模式。社团兴趣课的小朋友在极具设计感的"多边"教室里"闹腾"着，不时传出阵阵欢笑（图 3-33）。校园环境景观设计方面融合了"绿色"与"环保"理念，通过对自然环境意象模拟，每一个走入学校的人都能感受到与大自然的融合，心灵得到放松。独学无友则孤陋寡闻，这里也为儿童身心健康、师生与学生间思想的碰撞提供了无限可能。借助成都蒙彼利埃小学所有的校园景观与校园外的锦城湖公园及天府绿道紧密相连，组成了一个向室外扩展的"学习体验室"，学校的老师会带儿童去公园与绿道游玩，那里可以尽情放松、运动和组织多样的户外活动（图 3-34）。

图 3-33　成都蒙彼利埃小学室内游憩环境

图 3-34　成都蒙彼利埃小学室外游憩环境

④ 参与式设计。

"一排等号像小桥，做对了，走过桥，做错了，过不了。想一想，算一算，快快乐乐过了桥。"一年级 5 班老师带领着儿童在户外开展参与式教学设计与项目式教学活动（图 3-35），孩子们情不自禁大声朗诵，老师适时引导，学习自然而然地进行。作为成都市第一所公办的国际化小学，成都蒙彼利埃小学始终秉承"为每个孩子最大可能的发展负责"

的办学理念，始终坚守"教育，在我们之上"的教育信仰，不忘教育初心，以实际行动践行教育理想——努力将学校建成具有中国情怀、世界眼光的一流学校，助力高新区教育高质量发展。建校六年来，致力于培养个性鲜明，充满自信，敢于负责，具有思想力、领导力、创新力的杰出公民，通过全体师生与家长们的团结合作，学校已经获得一定的教育影响力。建议在未来学校可持续发展规划设计中积极考虑儿童参与校园空间营造，表达他们的看法，设想和发展他们自己的环境。

 唐美霞 语文
/行一里路

走在小桥上，孩子们情不自禁诵出这首学过的儿歌，着实令人惊讶😂😂😂

将近一个小时的锦城湖游玩，其实目的很单纯，就是与这个美好的天气有个甜蜜的约会，后来回到教室孩子们分享自己的感受：
"我感觉像一场梦"
"我觉得很好玩，感到很开心，开心得我都忘记了妈妈的要求，但是我还记得唐老师的要求。"
"锦城湖太美了"
"我在锦城湖的时候看到旁边的花，想写一首诗来着"（师：那我建议你灵感来了马上写😄）
"我感受到了唐老师对我们的爱～"
"我觉得今天看到的柳树像是金色的！"
（师：你真是个天生的小诗人，有一个著名的诗人徐志摩写过一首诗...娃们在《再别康桥》优美的朗诵中吃完了面包🍞）

2019年11月14日 17:31

图 3-35　成都蒙彼利埃小学参与式教学设计与项目式教学活动

参与的方法和技术手段可以广泛借鉴国际案例。一方面，经由课程的安排、活动的体验和问题的引导，透过探究历程与实践表现，通过以实际生活中的真实问题情境吸引儿童投入，儿童在过程中感受到了自己对环境是有影响力的，也因为成人的重视、真实的参与，更加能发掘自我的意义与价值，进而知道自己也能改变世界、回馈社会。另一方面参与式设计可以丰富儿童探究现象、解决问题的经验，获得更丰富的与自然融合、与人相处的机会，也能够发展语言表达能力、锻炼合作交流的技能，促进其社会性发展。而在设计过程中，儿童具有相当的主动权，体验到被赋予权利的感受，有利于他们自信心的培养。此外，儿童参与校园空间营造，还可以增进儿童对建筑景观、环境艺术等相关领域的了解，培养兴趣，学习有关知识。因此，儿童参与校园空间营造对其自身的发展和校园环境的适宜性都有重要意义。

3.4.3　小　结

"玩"是孩子们的天性，但游戏属于所有人。画家彼得·勃鲁盖尔在其"游戏大百科"画作中描绘了 16 世纪的 80 多个儿童游戏，更有意思的是，画中的游戏者不只有儿童，大人们也乐在其中（图 3-36）。游戏作为孩子们的"文化索引点"，在儿童和青少年成长的过程中起到了非常重要的作用。美国著名的教育心理学家布鲁纳建议："在教学中加入游戏，从而提高儿童学习的效果和效率。"游戏是一个充满快乐的解决问题的过程，对儿童的主动学习和问题解决的能力也起到了积极的促进作用。所以，麓湖 A4 美术馆致力将游戏带进美术馆，蒙彼利埃小学积极营造绿色校园环境景观，让文化空间和校园环境不仅成为孩子们的第二课堂，更能成为孩子们自主尝试的探索乐园。"玩游戏"可以让不同的人很快地聚集起来，这与参与式设计的性质不谋而合。开展儿童游憩景观参与式设计，参与的人群一起创造环境景观共同体，特别是在不同社会组织（大学设计研究团队、公益性组织 NGO 等）和社区生活中，儿童与成人、成人与成人之间进行跨学科（领域）的知识整合，儿童与成人的共同合作，让实践社群关系日益密切，让彼此在互动中增进归属感、相互学习、认识自我与他人，凝聚对社区（地方）的共同意识，对环境认同和自我发展都有重要影响。

图 3-36　彼得·勃鲁盖尔，儿童游戏，118×161 cm，1560 年

　　本章从"物理观"出发，帮助了解公园城市儿童游憩空间的基本状况，揭示出游憩空间是一个相互作用的系统，是一个宝库和价值体系。在这些信息中就不仅止于游憩空间硬件的绿化及改善，还有潜在的土地利用，并把许多活动看成是连续的而不是孤立的存在。下一章将从"事理观"接续介绍，儿童游憩空间参与式设计作为一个科学的工程项目系统，应符合的设计流程与方法。

PART FOUR

第 4 章

阶段步骤参与式设计

　　现代项目管理理论把项目的运作过程分为四个阶段，分别是项目决策阶段、项目计划和设计阶段、项目施工阶段以及项目竣工验收阶段（图 4-1）[①]。目前，我国在建筑、景观与环境设计项目上的运作周期也是根据工程项目的四个阶段细分为六个步骤，分别为设计准备、方案设计、初步设计、施工图设计、施工配合和回访总结。在传统的设计过程中，常常把设计师的工作范围限制在任务书下达之后和工程施工之前以图纸文件作业为中心的阶段，更有甚者把它局限于狭义的方案创作过程（图 4-2）[②]。参与式设计在传统设计基础上则是倡导向广义创作过程的延伸，是一种强调项目全生命周期（Project Life Cycle）的项目管理（Project Management）。从管理科学的角度来看，参与式设计也是为满足项目要求的科学设计方式，并运用各种资源和方法以期达到项目相关者的利益最大化。参与式设计中合理的组织与机制十分重要。从信息和知识的角度看，任何系统、组织、个人都是信息和知识生产、收集、传递及利用的装置。真正有成效的公众参与式设计是有组织的积极参与。

① 李玉宝主编. 国际工程项目管理[M]. 北京：中国建筑工业出版社，2006.
② 姜涌著. 建筑师职能体系与建造实践[M]. 北京：清华大学出版社，2005.

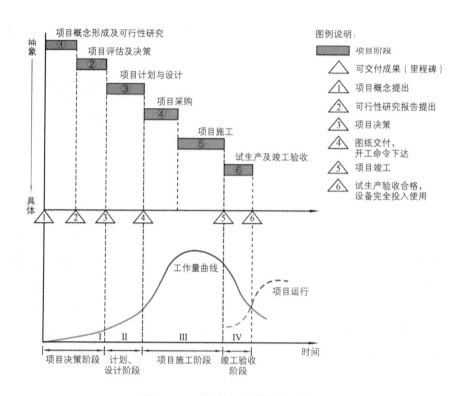

图 4-1　工程项目的周期与阶段

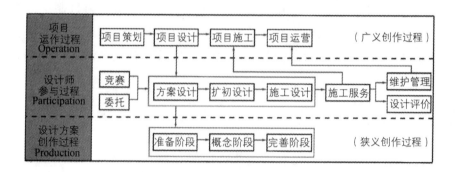

图 4-2　设计师参与项目过程

将公园城市的儿童游憩空间参与式设计视作一个科学的项目系统，应符合工程项目的全部设计过程与方法（图4-3），从需求识别、定位、构思到项目最终落成，每个阶段紧密相连，环环相扣[①]。从理论意义上讲，参与式设计的施展是一个不断反馈、循环、多变且复杂的系统运作过程。本书为方便研究，将一个项目管理或系统目标的实现，同时也是设计师从接收设计任务到项目最终完成的设计全过程，归纳为策划（Planning）、设计（Design）、施工（Construction）与运营（Running）四个阶段，其具体有九个步骤，分述如下。

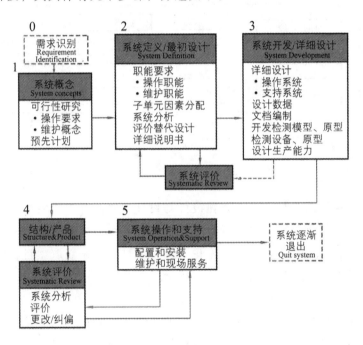

图 4-3　系统工程过程与方法

4.1　阶段 I ：项目策划

项目策划（Planning）是从设计业务的获取、团队的组建开始，涉

① [美]John M. Nicholas 著；面向商务和技术的项目管理原理与实践（第2版）[M]. 蔚林巍译. 北京：清华大学出版社，2003.

及新、旧游憩空间及有关事项的技术分析、研究和提出建议等，是项目设计的第一阶段。例如项目地点、效益和发展前景的可行性研究，以及游憩环境、气候条件、投资费用和设施选择等切实性研究；同时提出初步的建设方案，并对影响项目设计和建设的问题进行识别和分析（图 4-4）。

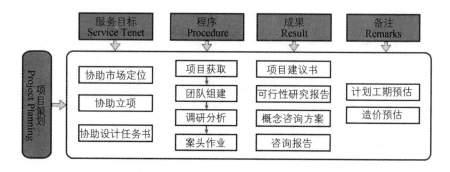

图 4-4　项目策划阶段设计师的工作程序

4.1.1　步骤 1：项目获取

获取项目的途径主要有委托设计与设计竞赛两种，这两种途径是相辅相成、相互促进的。委托设计和设计竞赛两种方式都应该引起设计师的高度重视，二者不可偏废。不论是通过哪种方式来获取项目，设计师都应将其视为一次展示自己才能的机会，一次难得的学习机遇，一次自身历练的契机。

委托设计是业主根据设计师以往的业绩和经验，来指定设计师直接进行项目设计的方式。在接受委托项目之后，设计师可以在没有社会压力的情况下与业主充分、有效地交流，减少不必要的弯路和时间的浪费，从而进行创造性地设计。尽管如此，这并不代表委托设计可以较之设计竞赛而更为轻松地进行。因为在委托设计中，业主往往承受着巨大的社会压力，他们总是心存顾虑，总会存在类似"还有没有更好的选择"的疑问。除此之外，业主也会担心设计师没有竭尽全力为其工作，从而给设计师施加其他方面的压力。

　　设计竞赛对于一些新的、小型的设计公司，在缺乏必要的人脉、技术实力和设计业绩时是非常重要的可以有效获得潜在客户的方式。对于业主而言，设计竞赛是选择项目设计师的一种重要手段，尤其是通过竞赛可以获得不同公司的多个提案以便择优选择，这更有利于发掘项目的潜在优势和资源；对于设计业界而言，设计竞赛特别是国际设计竞赛是交流和传播设计思潮、发掘新人的重要途径；对于设计师而言，参加设计竞赛并取得成绩，不仅可以获得委托设计还可以增强业主对设计师本身的信任，从而为未来获得直接委托项目奠定基础。国际公共项目大都要经过设计竞赛选出方案（图 4-5），例如：奥姆斯特德（Frederick Law Olmsted）与沃克斯（Calbert Vaux）合作的纽约中央公园、伯纳屈米（Bernard Tschumi）设计的巴黎拉维莱特公园、哈格里夫斯（George Hargreaves）设计的悉尼奥运会公共区域环境设计等。那些拥有卓越才能、富于创新力的设计师，在其创作生涯中大都与设计竞赛结下了不解之缘。在国内更是如此，由于我国 80% ~ 90% 的业主都是政府部门、国有企业、事业单位，根据投标法相关规定，所有的设计工程项目都是要进行招投标来确定设计单位和设计师，因此参加设计竞赛是获得此类设计项目的最主要途径之一。

　　从参与式设计的角度来看，参加设计竞赛是一种最具启发性的学习方法。它不仅为设计师提供近似奢侈的自由，充分激发设计师的潜能和想象力，更为新思路和新技术提供了一次次试错的机会。当然，最理想的情况肯定是赢得项目，进而才能获得业主的信任和社会的尊重。但是，即使没有成功获得项目，也应为此锻炼了自己和团队，并积累了以后类似项目的经验和教训而感到欣慰。在成都公园城市建设进程中，设计竞赛成为维护公平竞争和提高设计水平的重要方式。因此，我们应该积极主动地接受竞争的洗礼，不断提出富有创造性且高质量的设计成果，充分展示自身实力，使自己在设计竞赛中脱颖而出。

图 4-5　国际竞赛中选方案

4.1.2　步骤 2：团队组建

参与式设计的实施必须由一个专业分工协调的技术团队（Team）来执行。主持参与式设计的最佳人选，则非熟知设计建造全过程的设计师莫属。例如在一个儿童游戏场设计中，在接到开发商委托设计任务之后，由景观规划设计师领头负责组织工作团体，团体的构成通常有建筑师、相关的工程师、土地规划者、经济学家以及法律等方面的专业咨询人员。公园城市儿童游憩空间参与式设计项目的工作团队，必定是由设计师、多学科专家以及其他受过专业训练的工作人员构成的专业队伍。团队的具体人数应根据工作内容而定，且团队中所有的工作人员应有与儿童亲密接触的工作经验。在团队组建的基础之上，工作团体针对项目的发展目标和基本要素进行分析，协助业主拟定项目内容以及各子项的配备，制订工作计划和大纲为下一步工作的进行做准备，包括：了解委托业主的意愿；知晓当地居民的环境意识和对参与式设计的兴趣；收集相关项目区域基本情况的初步信息和数据（主要是二手资料的收集）等。

除此之外，参与式设计的贯彻也需要协调团队成员开展相应准备活动。例如：组织有关参与式方法、工具、技术以及儿童参与设计的基本培训；通过澄清现有的发展规划、已计划实施的活动、现成的地形图和报告，以及合作开展参与式设计的可能性等，来评价已有规划设计的利用方法和专家知识；访问项目区域，并核对、补充所收集的数据；制定项目设计时间表和初步财务预算等。

传统项目策划多是由工作团队、相关机构技术人员与业主方共同完成，鲜有儿童与其利益相关者真正地参与到这一过程，这是由这一步骤的性质所决定的。但这并不意味着因循自上而下的传统方式就完全不可能运用参与式设计。在一定条件下，仍可以使用一些参与式工具或技术，以改善决策结果。这一步骤中采用的参与式工具或技术可能包括：小型研讨会、讨论，与项目区域的关键知情人进行（小组和个人）访谈、电话访谈、网络调查、资讯分享等。

4.1.3 步骤 3：调研分析

调研分析阶段要做的就是全面了解整个项目的概况。在未完全了解项目之前，做任何规划设计的工作都是没有针对性且毫无意义的。参与式设计在该阶段需要使用者——儿童积极参加实地调研，这要求团队的工作人员必须与儿童进行情境式沟通。通过与儿童面对面地交谈，或有效的问卷调查，对各种技术分析进行综合，以便清晰地了解设计中的实际问题和儿童的期望与需求。

（1）基本情况调研

当设计师接到设计项目时，所率领的团队首先需要对用地现场的基本条件进行调研和分析，在此基础上与业主一起确定该地段可能进行的建设；与空间环境分析同样重要的是市场可能的发展前景，这是决定项目建设能否成功的关键因素。工作团体将根据以往的经验以及现状分析得出发展的主要可行途径，并提出最具发展潜力的战略构思。

面对一片未经开垦的土地，需要做的第一件事就是了解场地的特点和性质。利用地图、尺子、数码相机、摄像机和速写设备等工具，设计师可以快速地对现场进行踏勘。即使是在无人干扰的情况下，场地四周的环境也是会不断改变着的，这便导致了现场的实际状况与地图上的内容存在些许差异。图纸的主观想象与现实的客观体验也是截然不同，它们都需要设计师深入现场去做充分的调查研究。对场地的主客观评价，不仅有助于设计师了解场地的基础条件，更为后续的设计工作做好铺垫，因此这份基于场地的评价清单对整个设计过程尤为重要。这份清单的内容应该体现场地的各种基础资料，包括：场地从地貌的形成直至人类栖息与生活的历史变革；场地的区位分析，并列出社会、经济数据指标以表征所在区域的贫富程度；场地内所有自然植物的生长环境；观测场地上空风向，以及分析太阳辐射强度；场地的地质、土壤、水文条件等。从理论上讲，一般要用一年的时间才能全面了解场地固有的生长周期和发展模式，进而对场地产生深刻而生动的认识和理解，推导出处理场地问题、适应自然环境的最佳方案。

除了现场踏勘外，还应开展现有资料的调研。可以利用平时积累的丰富资源，找出相类似的设计范例做参考；从行业规范和资料中获取各种规范要求、功能要求和该地区的气候气象数据；通过业主或相应的政府机构落实规划要点、市政条件、地形图等。与项目相关联的自然、人文、技术、环境和经济等方面的文献资料是无穷尽的，这要求设计师必须具备较高的设计素养，养成善于学习和思考的习惯，积累相关的设计知识，知晓快速筛选和准确提炼的方法，以减少耗时构思与资料收集无用功，达到提升设计效率，精准项目方案的目的。

设计师最终的设计理念和设计方法必须客观地参考这些场地基础资料，直觉与本能显然不能代替严谨的科学分析。现状分析是指通过分析、统计清单上的数据资料找出场地的内在特质，这时借助情景分析方法给出有关场地建设条件的适宜性综合评价。

情景组成包括环境（物理环境和社会环境）、使用者（儿童）、设施物（指人工设施与自然物）三要素、它们之间的交互活动，以及三要素各自呈现出的多元化因素。总之，这是一个较庞杂的体系。要较全面地考虑这些内容，在此基础上提出新设计的构思方案，并非易事。将环境、人、设施物分别作为空间坐标的一维，那么就构成了一个三维空间。其中代表"环境"的坐标轴与代表"人"的坐标轴构成的平面，表示在一定环境中人的需求；而垂直于该平面代表"设施物"的轴上的坐标值，与"环境-人"平面上的需求点一一对应，确定了设施物的一种属性。环境坐标轴上的数值，代表社会环境与物理环境中的各种因素；人坐标轴上的数值，代表马斯洛需求模型的各个层次；设施物轴上的数值，则代表了设施物系统中的各个因素。情景三维空间可以表示任何一个设计情景，图中的坐标系代表的就是这个设计概念空间，在这个空间中设施物不断地与外界发生交互，而设施物的核心优势包含在概念空间的立面，这便代表上面提出的三个狭义情景（图 4-6）。情景三维空间的建立是对设计情景立体化分析的辅助。情景三维空间整体上描述了一种广义情景，而其坐标轴两两组成的立面各描述了一种狭义情景。利用情景三维空间，一方面展开了广义情景的表达，使其中各种因素的联系立体化，便于理解各个因素之间的相互关系及事件的作用机制，以此来找出新设施物的突破点、亮点，并确定新设计的发展空间。另一方面，情景三维空间不仅将三类狭义情景联系起来，同时也将各类情景中的要素以坐标的形式标明，利于定性定量的系统分析，进而得出有效的科学论断。

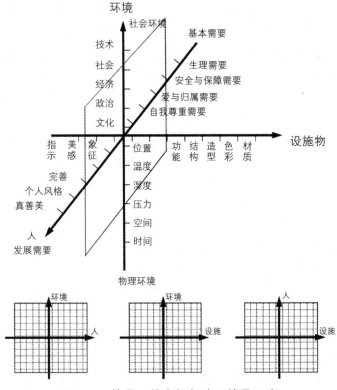

图 4-6　情景三维空间与狭义情景示意

现状分析的结果最好是借助数据可视化分析表达，即用图表、模型和分析图的形式来展示以便更好地交流与传播。这就要求设计师熟练掌握各种制图技术，例如由麦克哈格（Ian McHarg）提出的"千层饼模式"，就需要借助地理信息系统应用技术和电脑成像等辅助技术来完成分析表达。

（2）儿童参与调研

公园城市的儿童游憩空间参与式设计鼓励儿童"主动行动"，即积极参与到项目的设计中来。儿童只有在与设计师一样，对地形有一个大致的了解，掌握场地与景观利用的现状的情况下，才能对问题的解决起到应有的作用。因此不仅要让项目工作团队（设计师为代表）掌握场地的基本情况，儿童也应参与到场地调研中来。在调研分析这一过程中，不仅仅是让设计师、老师或其他人直接讲给儿童听，更主要的是应该让儿童通过参与主动了解场地情况。针对场地基本情况的调查，既可以增强儿童对环境景观全面化、系统化、条理化的认识，同时还能促进儿童主动地与成人进行交流。即使对那些已经拥有一些生态知识的儿童，在让他们暂时忘记从外界得来的对于环境问题的既有定义也是非常有益的。这样做的目的在于强调了他们本身的经验，同时也是反映环境问题的一个相关起点。此外，重要的是，这将在一定程度上改变成人对于儿童除了上学读书之外其他什么也干不了的传统看法。

在这一步骤中，采用的工具或技术包括但不限于：情景式实地调查、参与式问卷调查、参与式访谈、场地利用现状图制作等。让儿童理解和掌握调查的意义与目的，知晓和认知调查问卷中概念的基本含义、调查的方法、要求及制图办法，是调查的前提。为方便儿童较好地理解以上内容，可通过含义解释，并结合范例的方式来讲解。实践表明，10岁以上的儿童对这些简单的调查工作都能较好地自行完成，而10岁以下的儿童则需要项目团队工作人员的协助。

在笔者曾主持的某小学校园改造项目中，通过协同合作的观察、测量、拍摄等方式，各组儿童在工作人员的协助下完成了对校园场地的现状分析[①]。在此情境式实地调研工作中，不仅工作团队从儿童的实际学

---

① Bo Yang Hu, Wei Wang. A Study on Children's Participation in Rural Primary School Campus Landscape Planning and Design: Taking the Renewal Design of Huangtu Town Center Primary School Campus Landscape as Case of Study[J]. Advanced Materials Research, 2013(3): 671-674, 2813-2818.

习生活情境中获取了相关重要信息，儿童也在与工作人员的交流互动中，直接表达了他们对校园景观的需要与诉求，进而初步获得了景观规划设计的相关基础知识。与此同时，为进一步获取客观、有效的量化数据，工作团队与儿童还共同完成了参与式问卷调研（图4-7、4-8）。相比传统的问卷调研方法，参与式问卷调研从调研对象的实际情况出发，更加注重问卷设计的科学性、合理性。问卷的设计是采用开放式问题与封闭式问题相结合的方式。开放式问题是符合儿童的天性，鼓励儿童使用他们所熟悉的语言来充分表达自己的观点。封闭式问题则有限定的备选答案，这样一来儿童作答便会更容易进行和更为流畅，所得答案也更便于统计分析。除此之外，在问卷过程中考虑到儿童年龄的局限性，工作人员会采用一对一帮辅的方式，从而解决低龄儿童对问卷存在认知偏差这一问题。

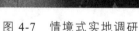

图 4-7　情境式实地调研　　　图 4-8　参与式问卷调研

（3）问题识别分析

　　准确来说，参与式行动理应从问题识别的参与性层面着手开展研究，而问题识别则是建立在真正参与性项目的基础之上。以往参与式设计案例的遗憾之处在于，通常是事先由成年人，而不是儿童自己来找出问题并进行研究。在公园城市的儿童游憩空间参与式设计中，较为理想的情况是儿童积极参与一些项目，并融合儿童与社区不同成员的观点，进而对当地社区发展和环境问题进行评判性的分析，最终实现较高层次的儿童参与设计（图4-9）[①]。在儿童参与设计行动中，第一步应该是由儿童

---

① （英）Roger A. Hart 著；贺纯佩等译. 儿童参与社区环保中儿童的角色与活动方式[M]. 北京：科学出版社. 2000.

通过自身的判断来确定环境问题。就目前来说，这样的做法困难重重。因为大众传播媒体已经做了很出色的工作，使得全世界的人都潜移默化地密切关注环境问题的重要性并为改善环境采取了一系列行动。然而，这之后需要做的是，在确定本地区整体环境问题的基础上认识那些对他们而言比较独特的问题。儿童参与有助于发现这些独特问题，同时人们在其他环境中总结的环境问题与抽象的科学知识，也能更好地与当地校园使用者对本地详细和特定的环境知识相比较。只有这样做才能有针对性地根据当地情况的具体特点，确定和分析其环境问题，并用适宜于当地特定文化背景的方式来解决这些问题。

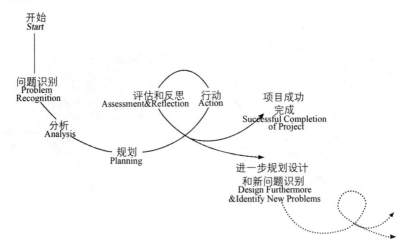

图 4-9　参与式行动研究过程示意图

首先，设计师与儿童需共同完成系统的问题分析，通过在地形图上逐一标注出地形特性、景观、突出的地点、潜在的小路等方式，找出场地存在的一切问题之间的联系，从而形成未来解决问题的基础；随后，澄清与该项目有关的利益相关者，找出并确认相关方或参与者，发现各个参与者（群体）的不同兴趣，并评价他们在该项目中的相应作用，以便创造协商和决策的基础；最后，必须由所有利益相关者共同确定项目设计目标和实现这一目标的途径，便可基本落实未来的工作步骤和方法。如果有些参与项目的儿童并没有集中参与这个阶段的工作，则需要对他们解释清楚此项目的历史背景，包括是谁提出的这个项目和为什么提出这个项目等问题。

在这一步骤中，采用的工具或技术包括但不限于：说明会、座谈会/研讨会、培训、参观学习、儿童绘图活动（图 4-10）、问题和潜力分析方法等。需要指出的是，实践表明，让儿童直接去探索项目发展中存在的问题，对他们而言是一个比较困难的事情。儿童们受限于认知水平，往往不能找到真正的问题，或遗漏许多关键问题。然而，让孩子们描绘环境景观的未来却轻而易举。由于儿童的思维方式具有特殊性，善于想象的他们常常把游憩场地描绘得无与伦比。因此，儿童进行问题分析时，

图 4-10　儿童绘图活动

不可能做到成人那样直接采用建立问题树的方法进行。儿童进行问题分析从展望未来入手更为有效，可采用绘画、作文、口述、写卡片等形式来描绘儿童脑海中的画面，如遇到不会写的字还可以用汉语拼音来代替。受限于孩子们的语言表达能力、文字表述能力等客观因素，绘画等形式可以使他们能较完全地表达自己的想法。我们的研究表明，对未来天马行空的展望，例如"如果我是校长，我将……"的畅想更有利于激励孩子们在校园环境设计中的创造力和责任感。从儿童对未来的展望与场地的基础现状的比较中，找出差距和问题，这对于儿童来说就相对容易了许多。

4.2　阶段Ⅱ：项目设计

公园城市的儿童游憩空间设计建造过程，可以看作是一个空间环境产品的制造和相应服务的提供过程，从项目管理系统角度，可以归结为一个需求的被发现和满足、一个问题的被发现和解决的过程，是一个建造需求、业主目标、资源限制中需求平衡和共赢的过程。在项目设计中，主要包括方案设计、扩初设计、施工图设计三个部分。

4.2.1　步骤4：方案设计

方案设计（Schematic Design）是项目设计阶段最具创造性的工作，也是一个设计师相对理性的探索过程，是在逻辑推理中洞察问题并捕捉解决问题的灵感与直觉样式，从而形成满足目标需求的轮廓性空间环境的提案。可通过明晰设计目标，确定项目的基本性质，明确环境、功能和空间的要求，规定费用预算限额和进度计划等方式来完成初步的方案设计。与此同时，绘制能够反映项目性质与特点的场地平面和方案平、立、剖面图来为后期方案设计的扩充做准备。方案设计整个过程大致可以分成准备、概念设计、完善和报建四个阶段（图4-11）。

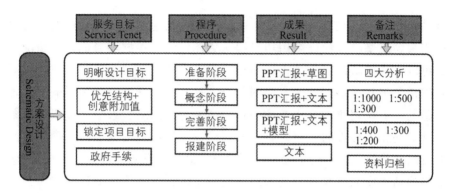

图 4-11　方案设计阶段设计师的工作程序①

（1）准备阶段

设计前的准备对于一个适宜的、可持续的项目来说是重要的先决条件。根据基地现况调查，项目工作团队一方面需要第一时间消化任务书，另一方面需要明确利益相关者特别是儿童对环境景观的期望。

通常情况下，任务书是在设计之前业主就已决定了，设计师一般不对其可行性进行分析，只需按图索骥，直至满足设计任务书的全部要求。但是任务书并不都是正确的，设计师需根据自身的经验和能力，重新审视资料是否详尽、合理、准确。设计师可以通过与业主面对面地交流沟通的方式，收集业主或是其他有影响力的人物在任务书上未能表达的某些需求，甚至是整个社会的要求，进而与业主共同对任务书做出一些适当的调整。

即使时间紧迫，设计团队也应组织最直接利益相关者召开使用需求座谈会，会议的时长可以灵活安排。其目的在于整合经由活动搜集的使用需求，以防止设计师的一意孤行和以自我为中心的直觉意识膨胀。设计师将综合儿童感知的期望，有关部门的可持续发展计划，及环境教育所扮演的角色与定义，形成初步的设计构想。

为了较好地完成创作前的基本准备工作，需要召开设计定位讨论会，更深层次和理性地思考项目的发展方向等问题。这些问题包括：该项目在政府部门和公众心目中的期望值；该项目在自然生态系统中的位置、角色和作用；该项目在整个人居环境层次结构中的位置、角色和作用；

① 姜涌著. 建筑师职能体系与建造实践[M]. 北京：清华大学出版社，2005.

该项目在技术、经济、文化系统中的位置、角色和作用等。此时，可以运用头脑风暴的方法，组织项目团队集体讨论，根据项目的具体情况，也可以邀请团队以外相关人员参加。首先，在正式讨论之前，主持人需要把任务书和地形图发给参会的每个人；其次，开始介绍项目概况、现场踏勘、参观调研和分析整理的初步结果等；然后，参会人员可以就不清楚的问题进行提问，接着参加共同讨论并轮流自由发表对该项目的基本看法与构思；最后汇总大家的意见，决定一个或几个合理的发展思路，最终的结果用文字和草图的形式来表现，供接下来构思时进行参考。

（2）概念阶段

在项目性质和大体发展模式确立以后，设计师对地段进行初步的规划设计，这部分工作包括大致的功能分区、道路选址、朝向与布局，以及因为经济因素而带来的空间环境影响等，在综合考虑以上因素的条件下形成若干可供选择的方案，以便从中选择出或者吸取不同方案的优点，从而综合出最优方案。

概念方案设计是方案创作的核心，也是设计师思维最为活跃的阶段。整个过程都是在设计师的主持下和多方参与的讨论中进行。根据以往的经验，多个方案的形成和比较一般至少需要经过三轮的交流与讨论，并由此不断地尝试用各种手段检验这些方案的可行性。

第一轮的方案讨论时间，应该定于设计定位讨论会结束后的一周左右。团队的每个成员根据初次在设计定位讨论中获得的启发，并参考儿童在发挥想象力的绘图活动中手绘景观图案的情况，了解其喜爱和期望设置的场景和设施，运用发散思维制定出各种具有创新性的初步构想方案。在项目组长的主持下，每位设计成员轮流用概念模型或设计草图介绍自己的方案，进而确定一些具体应该注意的问题或者方向。值得一提的是，在初次讨论之时，应对所有方案保持包容的态度，千万不要轻易否决任何一个方案。

第二轮的方案讨论时间，应定在第一轮讨论后的下一周。团队成员根据上次的讨论意见，整合相关需求，并初步借助计算机辅助设计工具，以图纸或模型的方式呈现修正构想的方案。结合参与式设计及学习理论，在正式开会之时，应召集第一层次儿童与第二层次利益相关者共同对初步构想方案展开探讨，听取多方建议和意见，最终保留儿童所能认同的设计构思。对于目前初步设计的游憩场地中额外配置的需求，尤其是游憩设施种类的丰富性和多样性，设计者应当依据专业知识补充其他有利于可持续发展的规划构想，并在与参与者的相互沟通中，达成共识，从中优选出两三个值得发展的设计方案进行进一步的深化处理。

第三轮的方案讨论时间，应在第二轮讨论结束一周之后。团队成员根据上次讨论的结果分头并有选择地进行深化，从平面到造型，再从造型到平面不断循环反复地进行思考，并用计算机辅助绘制出平面图和初步透视图，形成相应的工作模型。召开说明会时，除了业主与儿童，还应邀请其他专业领域的学者与工程师共同参加，并听取他们的意见。邀请各界人士参与说明会的目的在于检验确定方案的可行性和准确性，比如：技术经济指标是否满足，技术是否可行等。经设计专业的判断，综合考虑游憩安全、环境适宜性、环境教育意义等因素，从而形成方案概念设计的文本。

通过多轮讨论和比较后确定的概念设计方案，还应经过设计方案的公示和交流会的召开，以增加参与者和公众对方案的充分认识。通过公众展示现况调查的方法，设计者需重视使用者的提议，并保存持续地沟通与协调，不断地修改设计内容，以促成多方达成共识，最终基本确定最优化和最具发展潜力的概念设计。

（3）完善阶段

虽说倡导以概念性模型和透视表现等方式来直接表达设计理念和空间构成，即概念设计的成果尽可能不包装，但值得注意的是，有好的构思并不一定有好的表现效果，换句话说没有好的表现效果则会导致最后的成果不被认可。该观点虽然有些偏颇，但实际过程就是如此。因此，对于如何增强方案设计文本的图面艺术感染力，以最佳的效果展现在业主和评委面前，设计师亦不能掉以轻心。

整个方案设计的最后表达成果大致分为五个部分，分别为：设计说明与演示文档、分析图纸与技术图纸、效果图、模型以及展板部分。在这一阶段，设计师应当强化构思的精髓，组织团队成员各司其职并通力合作，对方案进行全面的深化和包装，力争拔新领异。一方面开展设计细部的完善工作，对概念方案进行深化和落实，利用更精确的比例尺、更翔实的工作草图、更清晰的工作模型，以推敲出平面和造型的每一个细节，争取把方案落实、推进到技术图纸的深度；另一方面实施表现成果的制作工作，通过表现透视图、表现模型以及分析图等方式对设计概念和设计成果进行适当的包装。需要注意的是，效果图可以委托专门的效果图公司制作，模型亦可以委托专业的模型公司完成，但必须在追求最上乘的表现效果中，尽可能保证在精美效果下的真实性和在真实情况下的精美度的完美统一。

设计表现的成果仅是项目探索过程中的阶段性小结和预期目标，从这里到最终真正完成项目建设还有大量艰巨的工作要做。概念设计方案也不是一成不变的，可以根据效果图和模型反过来修改平面图纸，再推敲成果的艺术性表达，从而推动方案设计向更高、更完美的方向发展。

（4）报建阶段

设计成果完成之后，就需要与业主、专家做面对面地交流与汇报。作为设计师往往会遇到这样的遗憾：一个非常优秀的方案未能被对方采纳，对方却选择了一个不如自己的方案设计。究其原因，往往就是出在汇报方案的环节。做方案设计的汇报，需要有一定的技巧。首先，方案汇报的逻辑性十分重要，先从大纲开始汇报，通过提出一个问题再解决该问题的方式逐一对局部进行分析。其次，汇报文本也就是我们所准备的 PPT 文件，排版相当重要。俗话说"文不如字，字不如图"，图片带有的信息量是最大的，同时汇报时准备图片也要有侧重点，放大重点并详细解析。再次，整个方案汇报的时间最好控制在 10 ~ 15 分钟，最多不要超过 20 分钟，因为汇报时间过长，听者便无法集中注意力。同时，汇报时的语速也不容小觑，如果语速过快会使整个汇报没有节奏感，正确的做法是保持正常语速和稍慢的步调，以便对方的理解。除此之外，尽量通过自己的语言来表达需要汇报的文字内容，切记不要依据 PPT 照本宣科。最后，在方案汇报的过程中，设计师不能一味地向业主灌输设计方案，而是应该以参与者的身份来做汇报。切记方案汇报不是把业主说服，而是要让业主真正了解该方案的独特之处，为此设计师可以直接询问业主还有什么疑惑之处，或是让业主坦诚地告诉你方案的不足之处，这些不足之处将来还可以修改，重要的是让业主也参与进来，达成共识。

业主基本同意方案以后，依然会提出一些新的要求和修改意见。设计师根据业主的新要求和专家的评审意见、规划要点和规范等，依次调整并完善方案，达到国家规定的设计文件编制的深度，并促使报建工作尽快完成。在本阶段步骤工作完成之后，全部方案设计文件、来往函件、设计评审记录、参与式设计行动研究等资料均应归档存放。

4.2.2 步骤 5：扩初设计

扩初设计（Design Development）是介于方案设计和施工图设计之间的一个必经过程（图 4-12），主要是针对原有方案进行技术性的深化和完善，在技术、经济和法规等层面上保证方案的可实施性，同时也为设备采购和施工准备提供了前提条件。在经过与业主、用户的会晤后，设计继续深化发展，这个阶段是景观规划设计师、建筑师、各个专业技术人员相互协调，进行专业设计的过程。在这个工作阶段中，构筑物的平立剖图、环境景观小品和植物配置、相关专业的水、电设计与其余相关项目的设计内容都最终被敲定。扩初设计服务主要包括：根据报建审查和业主意见修改方案；工程建造条件图的提出和技术交底；协调各专业技术设计，研究结构体系，确定各种设备系统，定位设备机房，安排管道的位置与走向，选择建造材料等；综合设计评审与设计发展、深化；修改、汇签并配合报建。

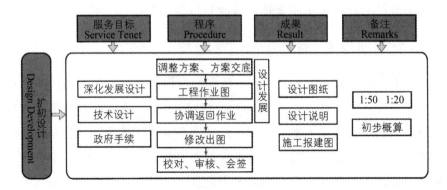

图 4-12　扩初设计阶段设计师的工作程序[1]

---

[1] 姜涌著. 建筑师职能体系与建造实践[M]. 北京：清华大学出版社，2005.

设计师作为项目主持人,组织并开展参与式设计行动是其主要职责。其首要的工作在于组织各专业工种,发现不同专业之间的问题和协调其矛盾。根据政府部门对方案的批复意见和外围的市政条件,在方案设计确定的场地平面、游憩空间与设施的平、立、剖面图的基础上,持续修改和深化方案,进一步确定结构方案,并选择建造材料,保证其技术和法规的可实施性。随后,设计师应主持设计综合评审会议,需邀请多方参与对设计进行全面评审和验收。其目的是在各专业协调的基础上发展和深化设计,以及对设计思想进行更明确的表达,确定达到设计深度的需求并满足方案设计伊始设定的目标和利益相关者的需求。最后,设计师需要积极协调政府审批手续的办理,在政府审批要求的调研和沟通的基础之上,经各专业修改和各专业负责人会签之后,最终提出正式设计方案。

扩初设计的全部文件资料由设计说明书、设备清单、工程概算和设计图纸四个部分组成,一般是装订成 A3 文本,交由建设主管部门审查审批。扩初设计包含了设计的深化和优化,设计技术条件和多方利益相关者的综合要求,以及各个设计指标和性能要求得以实现的技术设计保障的内容,为业主采购设备和施工提供了洽商的基本条件,因此至少需要一个月的时间才能提交设计进展的初步设计文件。

4.2.3 步骤 6:施工设计

施工设计(Working Design)是在初步设计审批后到施工图审批的一个阶段(图 4-13)。本阶段为狭义设计的最终阶段,必须提供完整可实施的项目工程建造方案。其中设计图纸和文件深度务必满足招标书和建设的要求,并在招标时向委托人提供专家的建议。施工设计服务主要包括:修改扩初设计方案;协调各专业技术设计并调整方案;修改并完成全套施工图;完成全套设计规格说明;协调造价工程师完成预算;审核、汇签、报审。

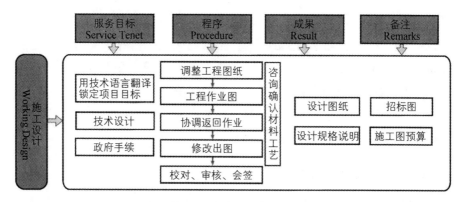

图 4-13 施工设计阶段设计师的工作程序

图片来源：姜涌著. 建筑师职能体系与建造实践[M]. 北京：清华大学出版社，2005.

施工设计是一个将方案翻译成施工单位能够理解的图示语言的过程。我们可以把施工图当作一个工程建设的说明书，是方案与施工单位沟通的媒介，亦是不可忽视且需认真对待的一个设计步骤。好的施工图，绝不仅仅在于以清晰无误的图面来表达各种构造从而减少施工过程中的设计变更，更需要通过对方案的二次设计来助力设计作品达到控制风险、提升品质、降低施工难度、减少无效成本的效果。从使用者角度来说，在其目所能及、双手可触之处，最大限度地体现设计的细节，这是对方案理念的完美补充。

理论上，在方案完成之后，各专业分别独立设计施工图是完全可能的。但是，在同一项目中，设施设备和许多其他设计元素毕竟仍是以某种方式相互联系并同时呈现出来的。因此，这一阶段依然要强调设计师的主持者角色，其工作仍旧是协同各专业整合设计。目前，设计师可以借助计算机技术和网络技术，即时且直观高效率地协调各个专业的关系。首先，严格规范各专业的条件制图，建立一套标准化的绘图技术规定，包括字体大小、使用的笔号和色号等，以此保障专业条件的书面规范原则。其次，建立一个共同的平台，例如充分发挥 CAD 的外部引用（Xref.）的优势功能，使大、小样都引自共同的源文件，这样一来各专业的信息便可即时交流，从而实现各专业的协同设计。再次，严格执行评审会议和校核、审定等工作程序，核查设计输出的成果与设计任务书及设计合同的要求是否一致；最后，设计师综合业主与其他利益相关者的意见和建议，在设计图纸的基础上追加严格和缜密的设计规格说明（Specification），以明确材料、工艺和质量的要求或者是其他特殊的建造条件，进而保障设计信息的充分传达和业主利益的最终实现。

4.3 阶段Ⅲ：项目施工

4.3.1 步骤 7：施工服务

项目施工阶段，是从施工准备到竣工验收并交付使用的阶段（图 4-14）。按照国际标准，施工服务对于设计师而言主要指提供项目施工合同管理服务，并在建设阶段向业主提供技术咨询和管理服务，以保证建设工程和最终设计图纸与说明书的一致性。施工合同是施工方与业主之间的契约文件。构成这个文件的主要内容是设计师提供的施工图和设计规格说明，同时还有国际惯例的设计师的控制权力。在我国，由于特殊的监理制度的存在，建造现场的关系成为业主、设计师、承建商和监理工程师的四方关系。由此可见，设计师并无整体的控制权力。监理工程师的立足点是一般意义上的施工质量控制和合同管理，而非设计意图的真正实现。针对这个问题，可以基于参与式设计理念展开相关思考。

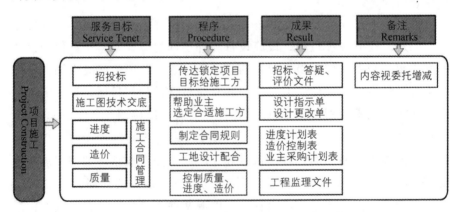

图 4-14　项目施工阶段设计师的工作程序

图片来源：姜涌著. 建筑师职能体系与建造实践[M]. 北京：清华大学出版社，2005.

对于专业化的设计及建造的实施,参与式设计倡导设计师自始至终都是作为项目主持人的角色介入设计的全过程。通过保证设计师对设计全过程的控制和设计意图的最大实现,将有利于确保设计服务的全程化和全面化,从而保障业主及以儿童为代表的利益相关者们的利益最大化。首先,在项目招投标阶段,参与式设计师不仅与业主,也与包括儿童在内的其他利益相关者,充分地进行沟通与交流,协助业主制订招投标文件,并代表业主邀请施工企业竞投。然后,在审查施工计划并进行设计交底时,设计师组织项目研讨会,并邀请主要专业设计和儿童在内的所有利益相关者参加。设计师应当做好充分的技术准备,在会议中,详细介绍项目设计意图、主要设计内容、施工难点和重点,确认设计的具体可操作性,并及时清晰明了地回复承建商针对施工图的审查意见和疑问。最后,在施工合同管理阶段,设计师要定期亲临现场工作,具体包括现场的管理,施工的监督检查,质量、进度和费用控制的情况,查看现场情况与设计是否吻合,以及是否需要对设计做适当调整等。

公园城市的儿童游憩空间参与式设计还应该倡导在方案实施阶段提供儿童参与的可能性,这将确保儿童自始至终参与设计的全过程。对于建设难度较大的设计方案,具体操作可参照补偿控制系统方法的实施办法,即各个利益相关者共同组成的补偿机构(图4-15)。儿童可以通过加强学习,提高认识来参与方案设计;协助制定和完善各项规章制度,落实施工日期的选择,安排施工安装时间的预估,保障施工期间的安全维护;采用随时检查、跟班,定期通报以及不定期抽查等方法,督导设计方案落实情况;就实施过程中出现的问题或是可能出现的问题提出意见或者建议,由设计师对其进行汇总、处理,并与施工监理部门交涉,监督施工的单位,促进设计方案顺利实施并完成。对于较简易的景观场景与设施的建造过程,选择让儿童直接参与的方式,例如一起参与木平台搭建及植物的栽种工程,让儿童能更进一步理解可持续设计的内涵,并唤起儿童对自身周围环境的关怀及同理心。

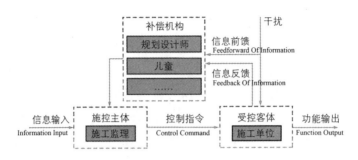

图 4-15　补偿控制系统模型

4.4　阶段Ⅳ：项目运营

项目运营（Running）对于设计师而言，实际上是进入设计整理的阶段（图 4-16）。其主要工作包括：协助业主完成建设项目的验收，取得政府的各种准证，并做好文件存档；参与维护管理，进行运营使用指导，从而将设计建设完成的最终产品推荐给最终用户；通过了解使用后的意见回馈和相应的技术支持，进行设计评价，提供设计全生命周期的服务。在实施维护管理和设计评价这两个步骤时，不仅要强调设计师的参与，更要重视公众的参与，特别是作为重要使用者——儿童的积极主动参与建设后期评价和修正工作。

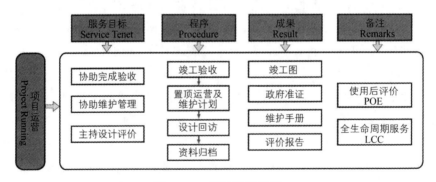

图 4-16　项目运营阶段

图片来源：姜涌著. 建筑师职能体系与建造实践[M]. 北京：清华大学出版社，2005.

4.4.1　步骤 8：维护管理

就目前的参与式设计活动而言，大多仅局限于方案设计的参与和部分项目施工的参与。笔者认为，在公园城市的儿童游憩空间参与式设计活动中，可以适当尝试加入后续可持续进行的相关维护管理的参与。一方面，对项目参与者进行访谈，收集在此次参与式设计活动中，各个环境的感想与相关建议，并了解参与者在此过程中学习到的有关公园城市建设和可持续发展的知识差异，以此作为日后规划设计及参与式设计行动研究的参考及修正依据；另一方面，由于曾参与前期的设计与施工，参与者们尤其是儿童会增强其对项目的归属感，更愿意继续行使主人翁角色的权利。借由维护管理的工作，反复强调儿童在上述若干阶段中的所学，从而建立完整的儿童学习认知过程。

在参与式设计倡议下的项目运营阶段，儿童参与拟定《公园城市儿童游憩空间维护管理手册》的内容，包括：游戏设施的使用说明、维护保养的计划安排、使用人员的教育训练、自主检查的周期表与检核表、铺面材料的补充维护计划、高强度的设施维护保养计划，实施检测并维护参与等。周边社区和学校还可以通过将社区活动和学校课程相结合的方式来参与式活动。例如园艺活动，经由动手制作的过程，不仅可以使参与者（儿童）了解植物的成长特性，在未来还能够经由植物认养的过程达到维护管理的作用，从而提升使用者对公园城市的景观与环境的认同感与归属感。

4.4.2　步骤 9：设计评价

在项目投入使用之后，设计师应对设计建成的儿童游憩空间进行评估监测，观察其投入使用情况，并对儿童使用状况进行调查研究。这一目的旨在倡导循环型规划设计，强调参与式设计的完整性、独立性与延续性。这个阶段强调儿童作为使用者的体验性参与，并获得有关儿童对游憩空间和设施的感知价值的信息。

使用后评估方案应包括：评估指标的确定、评估人员的选择、评估办法的制定等。评价项目则包含：设计主要空间项目内容、基地条件的限制与利用、区域的划分及动线安排、提供的使用价值与功能（教育、游憩）、应具备的主动安全规则等。调查工作应该借助行为心理学的研究人员和相关管理部门执行，同样也可以采取儿童、成人分组讨论的方式，最后汇总并得出共同决策。通过对儿童使用情况的调查和评估，及时把合理的意见反馈给设计师和相关部门，不仅可以帮助设计师总结经验，不断完善和更新设计师的景观设计理论，对提高公园城市公共空间设计的理论水平和经验积累也具有重要的指导意义。

PART FIVE

第 5 章

利益相关者参与式设计

设计是一门极具人文关怀，甚至可以说是以人为出发点的学科，牵动着过去与未来、自然与社会的发展。人的社会属性决定了每个人都有不同的需要，因此，人们需要进行分工协作，从事不同的活动，以达到最好的效果。不管是传统意义上的设计还是目前所谓的现代式设计，在建造与生产中都是由几个重要利益团体（系统要素）组成的。他们分别是：

① 所有者（Owner）：项目的公共或私人投资主体，设计及施工、制造的委托人；

② 设计方（Design Professions）：包括景观规划设计师、城市规划师、建筑师、环境设计师、工程师、咨询师、技术顾问及其他关联的技术人员；

③ 施工方（Construction Forces）：承包商、分包商、材料供应商、建筑工人及其组织；制造方（Manufacturing Industry），材料生产方、组装方、贸易商；

④ 行政管理机关（Control Authorities）：土地、规划、建设的管理部门，消防、绿化、环保、质检部门，法规制定机关；

⑤ 其他服务商（Related Elements）：金融保险机关、地产开发商、营销商、运营维护商等。

　　以上几个重要的利益团体，由于各自的角色和地位不同，导致彼此之间的利益关系也错综复杂（图 5-1）。同时，针对公园城市的儿童游憩空间参与式设计而言，其要考虑的利益相关者并不止于此，还要重视儿童作为最重要的利益相关者和使用者的角色参与到设计项目之中。这是儿童游憩空间参与式设计有别于传统设计的最明显之处。本章的起点和前提是儿童作为有能力的社会角色，且能够为他们居住的城市环境的改善和发展做出贡献，因此在上述分类基础上重新构建了参与式设计利益相关者及生产关系图示（图 5-2）。下文将从人理视角，分析项目各参建主体的地位、责任和利益关系，探讨设计师与儿童协作的模式，得出设计师如何与利益相关者们保持和谐的关系，以保证创作儿童游憩空间的最后效果。

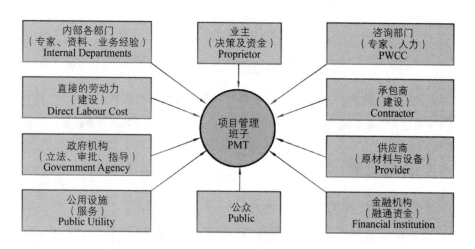

图 5-1　项目的主要利益关系

图片来源：王雪青主编. 国际工程项目管理[M]. 北京：中国建筑工业出版社，2000.

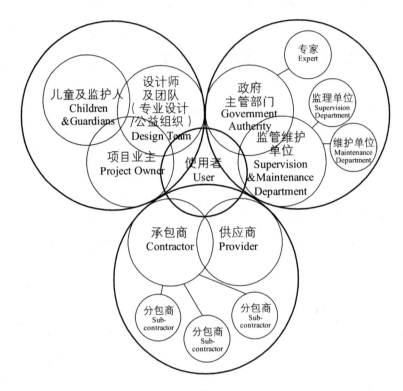

图 5-2　参与式设计主要利益相关者及生产关系

图片来源：王雪青主编. 国际工程项目管理[M]. 北京：中国建筑工业出版社，2000.

5.1　设计师

5.1.1　设计师的专业影响力

设计师是近代社会高速发展的产物。设计师的职业化是在近代契约化的营利性建造活动中形成的，在建设活动中是独立于业主和其他利益相关者的存在。设计师的职业活动核心是设计建造的行为及其最终结果，其职责是公正、公平地执行技术监督和以业主代理身份进行管理。因此，设计师为达成上述任务必须具备专业的知识、经验和社会信誉。

在城市建设的过程中，土地的使用及其发展早已不是某个个体的事务，而成为在法律法规、政策、立法、国家标准和国际范式指导下的用地专业人士的职责范围。因此，公园城市的儿童游憩空间用地的决策不仅被有义务维护环境质量的相关部门掌握，还必须符合相关行业规定和标准的应用范畴。这些规定和标准的目的在于保证环境质量，同时也促进了相关专业的存在和发展。虽然影响儿童城市环境体验的专业范围很宽泛，包括从政者、建筑师、规划师和工程师等。但是，迄今为止，考虑儿童需求和儿童的参与性工作相关的专业记录非常有限。在工作中考虑儿童的主要领域见表 5-1。

表 5-1　建成环境和影响儿童生活的相关专业

专业领域 Area of Expertise	职责 Responsibility	考虑儿童的主要领域 Consider the main areas for children	参与工作 Involved efforts
健康	身体和心理健康	生存环境、肥胖症、呼吸系统疾病、心理问题（如抑郁）	参与程度低；局限于个人的效果，而不是健康和生存状况的原因
规划	用地规划和开发	儿童导向的设施、学校、托儿中心、滑板公园	参与程度低但在发展中：开始发展儿童参与方法；但这是例外而不是常规
建筑	建筑物	儿童使用率高的建筑	参与程度非常低：为发展有与儿童一起工作进行建筑设计的趋势，但在设计儿童空间中考虑了更多儿童需求
法律	法律制定、实施和协商	保护儿童权利	参与程度低：局限在与儿童个人的合作，并几乎无一例外地与社会福利相关
住房	住房供应、设计和位置选择	提供住房	参与程度低：多集中在缩减中的国家部门；私人部门中很大程度由开发商决定
教育	正式和非正式教育	传承知识、教育机会、学习经验	参与程度不一：正规教育常由成人主导；非正式教育倾向于使用更多的合作和基于行动的学习方法

续表

专业领域 Area of Expertise	职责 Responsibility	考虑儿童的主要领域 Consider the main areas for children	参与工作 Involved efforts
休闲	提供和管理休闲设施，包括建筑和绿地	游戏、健康、环境教育、体育	参与程度低：但有例外（如一些游戏和青年工作者的工作实践）
交通工程师	道路、公共交通可达性	交通稳静化、自行车和人行专用道	参与程度低或负面：关注焦点在设计、交通管理方面；许多方法甚至伤害儿童
环境	自然保护、环境措施、回收	环境教育、基于家庭的自然环境可达性	参与程度中等：在环境教育和自然情境中与儿童直接合作
开发商	建造建筑	决定用地功能；场地和建筑开发	无参与—参与程度低：关注焦点通常在开放效益；一些较开明的开发商参加一定程度的社区参与
社区开发和相关福利专业	家庭和社区团体	聚焦家庭福利，通常与"有风险的"和边缘化儿童和家庭合作	参与程度中等：重点在福利而不是环境，可以提供意见但可能限于儿童个人层面
从政者和被选举人	代表社区进行决策	分配资源、预算，可以代表儿童利益	参与程度低—中等：常常关注成人选民，但有一些参与性范例，如儿童议会和青年委员会

本书论及的公园城市儿童游憩空间参与式设计，不拘泥于传统的设计模式，根据项目性质、设计内容和目标设定的不同，委以不同专长的专业人士作为主持设计师，担任设计领导者的角色，负责整个项目起承转合的全过程。例如规划设计的相关专业人士，在为儿童创造城市环境中的重要性已久为人知，规划师在一些涉及区域旅游的大型项目中依旧起主导作用。再比如发展了几千年的建筑科学，创造辉煌的建筑文明与设计理念，如今建筑从业者也正在尝试为城乡建设提供成套技术方案，

因此，在一些强调复杂建造的项目上则更应优先考虑建筑师的权威性和专业性。虽然景观设计专业只有百余年的发展历史，但其创始之初就同传统古典园林设计有着千丝万缕的联系，涵盖了风景园林、地理学、生态学、建筑学等诸多领域的概念，在越来越强调多方参与的城市设计项目中，现代景观规划设计师无疑能够以自身跨学科的专业背景作为最佳主持人参与到综合的设计建设过程中去。

反观本书在第 2 章介绍的儿童游憩空间优秀案例，毫无疑问都是建筑环境和自然景色的良好结合，景观规划设计在其间的重要作用不言自明。因此，本章为了研究问题更具针对性和分析案例更加具体化，故将设计物理对象限定于户外公共空间环境景观范畴，在城市设计层面上探索以景观设计师为主导的参与式设计理念和设计方法。这种研究思路的提出是鉴于景观设计师的专业背景，其工作领域不仅涉及宏观的区域景观生态规划和城市规划，而且涉及城市设计和场地环境营建，对于不同尺度规划的制定和决策参与使得景观设计师在进行场地设计时有更为广阔的视野。

从现代景观设计师的发展来看，一些设计师在从事景观规划设计以前就是建筑师或规划师。在《美国景观设计先驱》一书中所介绍的 160 位设计师中，很多人既是景观设计师也是建筑师、规划师，甚至还有很多设计师同时担任着文学家、作家、教育家、工程师等职务。早在 20 世纪初，美国杰出的景观设计师奥姆斯特德（Frederick Law Olmsted）以其具有开创性的工作和广泛的实践领域，设计范围囊括风景保护区、城市公园、公园系统、住宅社区、学生住宅区、政府建筑、乡间庄园等。奥姆斯特德的设计实践奠定了现代景观规划设计的基础和范围。到 20 世纪 60 年代之后，"宾夕法尼亚学派"的中坚人物麦克哈格教授（Ian Lennox McHarg）出版的著作《设计结合自然》（Design with Nature）和其规划设计实践活动，不仅拓展了景观规划的设计领域，并将它提升到科学的高度，同时也奠定了景观设计师在解决区域和城市生态问题中的重要地位。

在美国景观设计师注册考试委员会中，定义景观规划设计实践包括四个基本方面：

① 宏观环境规划，包括对土地使用和自然土地地貌的保护以及美学与功能上的改善强化；

② 场地规划/各类环境详细规划，除了对建筑、城市构筑等实体以外的所有开放空间，如广场、田野等，通过美学感受和功能分析的途径，进行各类构筑物和道路交通的选址、营建和布局，并对城市及风景区内自然游步道和城市人行道系统、植物配置、绿化灌溉、照明、地形平整改造以及排水系统进行设计；

③ 各类施工图、文本制作；

④ 施工协调和运营管理。

英国景观学会认为景观专业人士的工作范围包括设计：

① 新开发区的位置、尺度和形式；

② 住宅区、工业园区与商业开发区；

③ 大规模或小型的城市改造计划；

④ 大众公园、高尔夫球场、主题公园及体育设施；

⑤ 城镇广场和步行系统；

⑥ 公共建筑的周围空间；

⑦ 小型私人花园及私人地产；

⑧ 高速路和交通走廊；

⑨ 水库、发电站、某些工业计划及大型工业项目；

⑩ 森林、旅游资源、历史景观的评估及保护研究；

⑪ 环境评估、规划顾问和土地资源咨询等[①]。

纵观现代景观规划设计在这一百多年来的发展演变，景观学人的不断开拓与探索使得其拥有一个广阔的发展空间。它基于对人居环境的整体营建，是从宏观到微观尺度上空间环境的通体考虑，包含了从社会理想到生态原则等诸多领域的实践，体现出综合性以及专业化的发展方向[②]。在 21

---

① 黄妍. 英国景观学会和谢菲尔德大学景观系[J]. 世界建筑, 2000(05): 67-70.
② 陈跃中. 大景观——景观规划与设计的整体性框架探索[J]. 建筑学报, 2005
（ 08 ）: 36-40.

世纪，随着中国城市经济的快速发展，城市化水平的快速提高，以及美丽宜居公园城市建设步伐的加快，设计师面对城市景观环境的改进和完善等多样化工作，更要从多种学科的交融和多种视角的交织上考虑问题，将美学和科学知识融为一体。美学为景观设计提供了一种审美角度，这种审美角度通过图示、模型、电脑成像和文本的形式得以表达。设计师通过使用各种元素，诸如点线面、造型、材质和颜色来表现这些成像，这个过程使设计师既能与其所服务的人交流，也能使场地变得形象化，从而让他们得以施展拳脚。科学知识则涵盖了对自然环境系统的理解，其中包括地理学、土壤学、植物学、测量学、水文学、气象学、生态学等。其中也涵盖了有关结构方面的知识，例如：道路、桥梁、墙体、铺面等，甚至还要了解临时性建筑的建造方法。设计师是广博的思考者和专业的实践者，为城市面貌的塑造和城市环境的提升，提供了有力的技术和美学上的支持。

5.1.2　设计师及团队

随着中国城市的高速发展，以及社会价值和需求创造的变化，设计界由卖方市场、怎么建、满足需求转变为买方市场、建什么、创造需求。面对日益复杂化和具有系统耦合性的项目，从设计到提案与管理，从专家到通才与协调者，从控制造价完成建造到创造需求与空间环境整体解决方案的提供，设计师自身职能领域亟须深化和拓展。同时，信息时代和计算机辅助设计技术飞速发展势必会带来专业壁垒的逐步瓦解。设计师如何适应未来互联网民主型的参与式设计，不仅仅是局限于设计专业职能，还需要跨维度多重思考，包括发现问题、定位方向、引导民众、协调各方、公益帮扶等，这绝不是靠某个设计师的一己之力就可以完成的。因此，在当今社会发展越来越快、市场需求千变万化、科学技术日新月异的背景下，团队合作才是保持设计能力与提高创造水平的必备条件。在设计过程中，必须依赖各种专家的相互配合、分工合作，以不同的角度和经验，针对设计问题进行广泛探讨，以期在有限的时间内提供更多可行的优选方案。

麦肯锡顾问卡泽巴赫（Jon R. Katzenbach）把团队定义为：由一些在技能上互补的个人构成的群体，这个群体的成员有着共同的目的和绩效目标，由于每个人都对集体承担一定的责任，从而把个体凝结为整体。

在此基础上，卡泽巴赫进一步提出了使团队运作的五个要素，分别是：共同的承诺和宗旨；具体绩效目标；补充技能；致力于完成工作；相互问责。但是，参与式设计的团队组建还需要结合考虑行业的特殊性。

首先，最重要的特点是构成人员的专业性，团队成员大都是从事设计脑力劳动的知识分子，具有较高的专业技能。

其次，设计是一项需要多个领域的设计人员共同参与完成的工作，具有群体性、分布性、并行性和协作性等特点，不同专业的设计人员之间既相对独立又紧密联系，在设计过程中存在着大量的技术协调、参数修改和矛盾协商等工作。

最后，设计师的多重角色定位（表5-2），设计团队主要靠知识、技术、人才，而不是资金设备来获得发展，需要多种知识和技能的横向联合，不同学历、专业和经验的团队成员应当有一个合理的分布。

表5-2　设计团队的各角色定位

角色 Roles	在团队中的作用 Role in the team	必备的素质 Essential qualities
创作型设计师	提出创新，引导团队走向	较强的创新精神，少受陈规束缚； 思考问题的前瞻性
工程型技术师	从技术上保证创新的现实完成	较高的本专业水平； 较高的技术评价永平； 合作性
经济型设计师	确定团队活动的经济性	财会知识； 对市场充分了解，分析市场能力
组织型设计师	协调管理团队员工的分工与协作	丰富的管理能力； 广博的技术、市场、财务知识； 决策能力； 良好的人品

参与式设计是一种侧重于设计的过程和方法的设计模式。最新研究表明，与他人一起在协同设计环境中工作时，设计师创建的创意和想法要比自己独自工作时获得的创意和想法更多。对于环境较复杂的儿童游憩空间设计项目，例如游憩空间更新、游戏设施创新等，参与式设计强调积极推进作为技术专家的工程师与设计师全过程的协同设计模式。在

强调设施功能全面提升的废旧游戏场改造中，由于功能提升对结构改造提出了更高的要求，影响范围从局部到整体，从构件层面发展到体系层面，结构工程方案对整个项目的安全性、工期、造价等影响很大。因此，甚至可以由工程设计师作为项目负责人主导整个项目设计，优先考虑体系更新技术、结构加固技术应用，并注重工程技术与相关专业（景观、建筑、环境艺术、机电设施等）的协作，加强项目全过程的多专业协同。

儿童游憩空间设计往往涉及游戏设施和景观工程，具有一定的复杂性。在多角色、多专业参与设计过程中，由于各专业使用的软件工具不同，导致相互协调的方式往往局限于口头约定或者标准规范，这使得设计方案虽相对独立但不能有效整合，从而引发各专业在建设和运维过程中建设困难、成本增高等诸多问题。

因此，设计过程中的数据交换和统一标准变得非常重要。而成立专门的 BIM（Building Information Modeling）技术体系平台（图 5-3），可以有效地解决上述问题。BIM 技术具有可视化、一体化、参数化、可仿真优化、可协同交互等优势，有利于提高设计全生命周期各阶段、各专业以及专业内部的协同与管理，降低重复、返工、协调等成本，提高工作效率，从而帮助设计团队中各个专业的积极表达与共享，实现科技与艺术的深度融合。

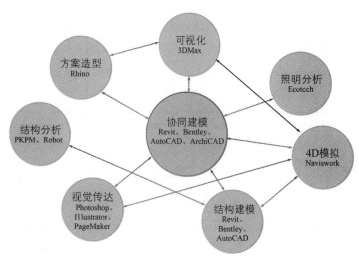

图 5-3　面向协同设计与分析的 BIM 技术平台

设计团队规模的大小是由具体任务和每个队员扮演的角色来决定的。西方管理学中有一条著名的苛西纳定律：如果实际人员比最佳人数多两倍，工作时间就要多两倍，工作成本就要多六倍。苛西纳定律告诉我们要认真研究并找到最佳人数，以最大限度地减少工作时间，降低工作成本。心理学家伊万·斯坦纳在分析团队规模对团队生产的影响时也得出结论：团队潜在的生产力（即团队理论上所做出的成果）会随规模的扩大而增加，但增加比率呈下降趋势；过程损失（由于成员的动机减少，协调问题以及在共同工作时形成的其他各种无效率）会随规模扩大而增加，损失比率呈上升趋势。如图 5-4 表示一样，实际生产力（即潜在生产力减去过程损失）模存在一个最佳值，即 4~5 人，当团队规模扩大到很大时，所产生的问题远远超过新增的人员所带来的资源增加量。哈佛大学社会和组织心理学教授哈克曼和尼尔·维德尔通过团队成员对规模和最佳成果之间的关系做了调查研究，同样得出了最佳团队规模为 4.6 人（图 5-5）。因此建议由 5 名左右人员组成的决策团体看起来在决策的精确度和效率方面是最优的规模。

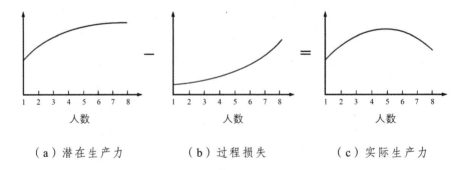

（a）潜在生产力　　　（b）过程损失　　　（c）实际生产力

图 5-4　团队规模和生产力之间的关系

图片来源：冯苏京，王秋宇编著. 高效团队[M]. 北京：机械工业出版社，2014.

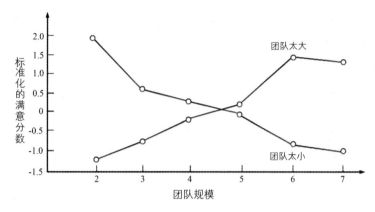

图 5-5　成员对团队的满意度

图片来源：冯苏京，王秋宇编著. 高效团队[M]. 北京：机械工业出版社，2014.

　　团队与个体是相得益彰、相辅相成的。对团队来说，需要个体为其做出贡献，在强调整体利益的同时，把团队作为成员发展的平台和组织的支持，充分维护创新精神；而对个体而言，需要把团队当成实现自己人生目标的工具和平台，未来设计竞争将日益激烈，只有不断学习，更新自己的知识，才能适应日趋激烈的竞争。在团队中需要每个成员都能秉承"诚信、勤奋、敬业、主动"的精神，把自己掌握的新知识、新技术、新思想拿出来和其他团队成员分享，团队的学习力就会大于个人的学习力。另外，从团队的个体来说，人的短期能力是有限，而长期来说是无限的，从有限的能力变成无限的能力，这中间最重要的也是靠学习。作为专业设计师应向书本学习，向同行学习，通过考察优秀项目来学习，在工程实践中学习，还应该积极地与项目最终使用者开展交流学习，从而提高自身的设计水平和能力。

5.1.3　设计师与儿童一起工作

　　设计师对儿童生活的影响是巨大的。比如在一条城市道路的规划设计和修建决定中，对于会有怎样的交通设施穿越整个邻里社区的思考，自行车道或人行步道是否到位，绿地开放空间和游憩设施是否合理，动植物是否能被保留等都有关键性的影响，而所有这些都将直接影响着儿童的游戏、社会联系、可达性和独立活动性。在设计过程中，如何从忽视儿童的情况，转变到积极支持儿童和他们的需求，这是需要设计师着重考量的。因此与儿童一起工作，以儿童参与来进行考量，便是一个重要的设计方式。参与既是国际社会普遍认可的一项儿童基本权利，也是学界广泛倡导的一种现代儿童观的重要准则。

儿童参与（Children's Participation）是指儿童积极主动地参与涉及自身利益事务的讨论与决策。有学者指出，设计师在传统规划设计里主要扮演的是操控者和决策者的角色。由于缺乏使用者的参与，将有可能在对事物的认知、观念上与使用者有差异，从而造成在设计上无法达到实际的使用需求。此外，使用者在特定环境中丰富的生活经验是专业者所欠缺的部分，因此，一个案例规划设计过程，专业者所做的决策未必优于使用者的决策。然而，实际的情况却是，儿童在帮助提升城市环境、参与规划设计的过程和代表自己与其他儿童等能力，常常被专业人士低估。

斯凯维恩斯和斯达克布（Skivenes & Stracdbu）阐释了"参与"的核心即评估儿童是不是"独立个体、带有见解、拥有兴趣和应该能够表达自身观点"的对象。事实上，从世界范围来看，成人社会对待儿童群体的态度发生了重大的转折，这一转折自 20 世纪 70~80 年代开始，分为以下三个阶段完成：

第一个阶段的变化表现为成人社会长期将儿童视为问题人群。相比于成人，儿童缺少明确的社会责任，不具备参与社会事务的关键能力，容易产生社会偏差行为，从而对儿童采取所谓"问题预防"的态度。此后，问题化的视角逐渐淡化，而以一种更为包容的姿态，将儿童视为迈向成人的准备阶段，也是不可回避的一个必然时期。

第二个阶段的变化表现为成人社会充分认识到儿童表达与被倾听的需求。成人意识到儿童以及其意见需要被认真对待的基本权利，即采取所谓的人权视角。而儿童对于影响自身利益事务的有效和有意义的参与，是实现这一基本权利的有效途径。

第三个阶段的变化表现为成人为了巩固儿童参与的积极成果，需要重新审视儿童与成人之间的关系。既要实现和保护儿童的基本权利，又要考虑到儿童参与主体性的高扬，不能以影响或牺牲成人的权利为代价。

因此，需要在儿童和成人之间建立起一种合作、互动、彼此尊重的新型伙伴关系（Partnership），也即所谓的"权利分享"关系。

简而言之，成人社会对待儿童群体的态度，经过了"儿童作为需要帮助的对象""儿童作为成人经验的接受者""儿童作为成人的伙伴"这三个标志性的发展阶段[①]。

当专业人士和儿童将他们的努力结合在一起时，创造一个更好的公园城市儿童游憩空间的机会就更大了。专业人士需要考虑的不仅仅是他们的行为和决策对儿童会产生什么影响，还要考虑他们做事的方法。从这个角度而言，最应该改变的是设计师本身，即改变作为专业人士所代表的成人社会对待儿童群体的态度。并且为了抓住这些机会，实现这一理想状态，设计师和儿童需要互相尊重。设计师需要以面向未来的心态提升自身的综合素质，使得所有的参与方法是适宜且有意义的，具体建议包括：

首先，整合的学科交叉方式是为儿童进行规划设计的唯一有效途径。在强调不同的专业角色协同设计时，目前泾渭分明的工作方式受到挑战。这种分段式的工作模式由于缺乏设计者对整体环境自始而终的考虑，往往容易造成城市设计与场地设计、建筑环境与景观环境、成人游憩与儿童游憩的脱节。因而，倡导在公园城市设计层面强调儿童游憩空间设计过程的整体性尤为重要。例如，由景观规划设计师担任设计领导者的角色，负责整个项目自始至终的全过程。这样的整体性设计模式消融了以往规划师、建筑师、园林师清晰分割的工作界限，能够有效地促成一体化考虑，进而促进城市空间的整体营建和良好游憩氛围的形成。在这个过程中，景观规划设计师不仅仅是专业的工程技术人员，解决建造中的工程问题和创造优美的城市环境；还是协调者，在总体把握设计进程的情况下协调政府与开发商之间、各个专业之间的配合；除此之外，景观规划设计师也是组织者，考虑如何将儿童作为参与环境景观设计过程的合作伙伴。

其次，儿童参与公园城市儿童游憩空间规划设计，倡导的是设计全

过程的儿童参与方式。这是一种以过程为导向的景观设计方法，除了普遍意义上的确定和分析问题，拟定目标和具体的设计内容，制定和评价供选方案的过程外，还涉及参与式设计的实施计划、实施过程、活动设计及其过程的监测与评估等方面。鼓励儿童积极出谋划策，设计师与儿童之间、儿童与儿童之间相互交流、相互讨论、通力合作，共同为环境景观设计活动的成功、相应效果的达成做出努力。

再有，从行动过程来看，成人与儿童关系通道连接的有无、层次和水平，决定了设计中的儿童参与缺失、伪参与和真正参与。儿童真正参与设计，是在明确参与对象、参与模式和方式的基础上，从问题分析、资料搜集、共同调查的期待与意见，凝聚共识与统整需求，增加作为规划设计的依据和参考，归纳整理出解决方案，最后再进行方案的发表与分享。一方面，需要借鉴采用国际上得到广泛应用的、相对成熟的参与方法工具；另一方面，需要研究与儿童参与能力和发展要求相适应的工具，包括有形的工具和无形的工具，而其中关键的问题是开发和评估相应的工具，构建参与式方法技术工具箱。在具体使用时，要根据项目不同背景以及特定的要求来选择特定的参与式工具，并灵活采用。

最后，总结分析参与式设计项目中儿童参与的问题与经验。一方面，需要研究当前我国儿童参与存在的问题和面临的困难，包括成人的限制或干涉的态度、自身的条件不足、没有渠道和社会传统观念及规范等。另一方面，针对当前我国儿童游憩空间设计传统范式的不足，随着我国空间营造要求的提高，环境创设手法以及技术手段的增多，在各种表达媒介以及工具方法不断成熟的基础上，参与式设计范式应作为儿童游憩空间设计中赖以运作的理论基础和实践规范予以归纳总结和推广应用。

5.2　儿　童

5.2.1　儿童对游憩空间环境的感知质量差距

联合国《儿童权利公约》(*Convention on the Rights of the Child*) 对儿童概念给予了明确的界定：儿童是指 18 岁以下的任何人，除非对其适用的法律规定成年年龄低于 18 岁。根据该界定，凡是 18 岁以下的人，均被认为是儿童。就中国社会而言，人们通常将十四五岁以下的人称为儿童，按照学龄层次划分：幼儿园儿童，年龄在 3~6 岁；小学儿童，年龄在 6~12 岁；初中儿童，年龄在 12~15 岁。笔者以为，尽管不同的社会文化对儿童有着不同的概念建构，但儿童在每一个社会中都是客观存在的社会人口事实，这种社会人口事实本身就足以说明作为群体研究对象的儿童是存在的。

儿童到底需要怎样的环境景观，只有儿童本身极为清楚。因此儿童游憩空间设计不应按照传统模式进行，完全由业主方主导控制，而应该倾听儿童的要求和愿望，否则难以真正满足儿童的需要。

从图 5-6 中三个校园游憩景观来看，案例一由于景观规划设计和建造没有得到儿童参与，几乎荒废，无人使用；案例二使用围栏对树木景观进行保护，使得儿童无法接触自然；案例三试图营建生态景观但规模太小，几乎没有生态功能，甚至存在安全隐患。景观小品杂草丛生，游憩设施无人问津，休闲绿地沦为停车场……身边的一切都突显出景观物质空间的形式化和游憩方式的无趣，无法达到满足当前尊重儿童本性发展、提供儿童多样游憩的环境营建的目标。此情此景给我们带来一系列的疑问：儿童到底需要怎样的景观环境？我们又应该如何了解这些需求？应从哪些方面对儿童游憩空间规划设计进行进一步的调整和完善，为其创造优美宜人且充满活力的休憩和交往空间？

当代游憩环境景观设计必须调整自身的定位和价值观，以便更好地服务人类。俞孔坚教授强调的景观设计三原则：设计尊重自然，使人在谋求自我利益的同时，保护自然过程和格局的完整性；设计尊重人，保持作为生物的人的需要，作为文化人的认同和文化身份；设计关怀人类的精神需要，关怀个人、家庭和社会群体于土地的精神联系和寄托[①]。在此，借鉴美国营销学家帕拉休拉曼（A.Parasuraman）、赞瑟姆（Valarie A Zeithamal）和贝利（Leonard L Berry）于 1985 年提出的目前公认为最具有操作性的服务质量管理工具——"服务质量差距模型（The Gap Model of Service Quality）"，并依循空间环境感知质量的形成过程，构建儿童游憩空间环境质量差距模型（图 5-7）。

① 俞孔坚，李迪华，吉庆萍. 景观与城市的生态设计：概念与原理[J]. 中国园林，2001（06）：3-10.

（a）案例一

（b）案例二

（c）案例三

图 5-6　三个校园游憩景观案例

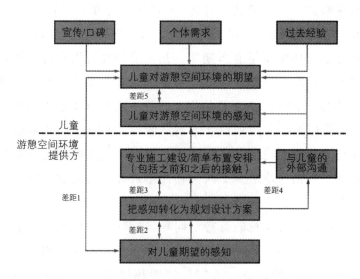

图 5-7　儿童游憩空间环境质量差距模型

儿童游憩空间环境质量差距模型首先描述了游憩空间环境质量的构成要素。儿童感知的游憩空间环境质量，是一系列内部决策和整个设计建造活动的过程质量与结果质量的总和。同时该模型还说明了儿童和提供方共同决定游憩空间环境质量的形成。模型的上半部分与儿童有关，下半部分指向游憩空间提供方，最终环境质量由儿童期望质量和感知质量共同决定，是儿童实际体验出来的质量感知。

从儿童感知游憩空间环境质量差距形成机制可以看出，让儿童缺乏融入兴趣的空间环境,普遍是最终呈现出的效果不能让儿童满意造成的。儿童期望（显性期望和隐性期望）与实际感知（游憩休闲、科学文化、体育艺术、社交环保等空间发展需求感知）之间存在着较大的差距，儿童便无法融入空间环境中。

差距的形成可从两方面来分析，一方面从儿童的角度出发，另一方面从空间环境的提供方（包括业主、建筑景观设计师、建设施工及管理维护单位等）的角度出发。前者是差距的外部表现，即所能看到和了解的，而后者是形成差距的内部原因。前者是后者累积、沉淀后的综合表现形式。儿童通过"宣传"(如公园城市)、"个人需求"(如游憩需要)、"过去经验"(如走访体验)和"外部沟通"(如交流反馈)四个方面对空间环境质量有所期望。儿童期望与提供方对这些期望的感知之间的"差距1",空间环境规划设计方案与提供方预先形成的感知结论之间的"差距2",专业的施工建设(或者节庆景观简单的布置安排)以及管理维护与规划设计方案之间的"差距3",实际游憩空间环境情况与对外沟通之间的"差距4",以及儿童实际感受到的与预期的空间环境之间的"差距5",共同作用形成儿童对游憩空间环境的感知质量差距。

若差距越大,则儿童的游憩空间环境感知质量就越低,表明空间环境没能够达到他们的预期。反过来,如果差距越小,则儿童的游憩空间环境感知质量就越高,若实际空间环境超过了儿童预期,他们不仅会满意,而且会很高兴徜徉其中并充分利用舒适的游憩空间和设施①。

从儿童游憩空间环境感知质量差距的形成机制的分析中可以看出,儿童若能参与到设计活动中可以有效地减小感知质量的差距。首先,儿童感知质量是儿童对空间环境的感知利得和感知利失的权衡与评价,所以它具有主观性和个体性;其次,游憩空间提供方和儿童所处的位置、所站的角度、利益关系不同,供需双方存在一定的利益冲突和博弈行为,会导致双方对质量感知的不同;再次,儿童感知质量具有层次性和动态性,游憩空间提供方即使站在儿童角度去理解儿童感知价值,与儿童自身感知总是会有差距,提供方对儿童感知价值的认知客观上总是滞后于儿童感知价值的变化。因此,儿童游憩空间设计活动呼唤儿童的参与是尤为重要的。

---

① 王玮,董靓,王喆. 基于差距模型视角的儿童参与校园景观规划设计研究[C]. IFLA 亚太区、中国风景园林学会、上海市绿化和市容管理局. 2012 国际风景园林师联合会(IFLA)亚太区会议暨中国风景园林学会 2012 年会论文集(下册). IFLA 亚太区、中国风景园林学会、上海市绿化和市容管理局:中国风景园林学会,2012: 48-51.

5.2.2　儿童的参与权力与能力发展

从针对游憩空间环境感知质量差距的形成机制的分析中可以看出，儿童参与到规划设计活动中可以有效地减小感知质量的差距。儿童参与表示儿童自己做出喜欢什么不喜欢什么的决定。儿童参与作为一种理念，既是国际社会普遍认可的一项儿童的基本权利，也是学界广泛倡导的一种现代儿童观的重要标准。儿童生来就是一个权利的主体，参与作为一项基本权利，理应受到所有人的尊重。同时，儿童作为"未成年人"，他们需要继承固有的文化遗产，构建未来的文明，因此，参与是儿童的一种基本需要，也是需要发展的一种重要能力，儿童需要在参与中成长发展[①]。

"儿童参与和贡献"与"儿童视角"的概念自 20 世纪 90 年代以来，已经在儿童研究、政策计划和实践教育活动中得到了普遍的重视。更好地理解"参与"的重要性可以结合 1989 年获得联合国大会通过的《儿童权利公约》（下文简称《公约》）。《公约》是被广泛接受和批准的人权文件（已经得到 193 个国家或地区的认可和批准），是第一部关于保障儿童权利且具有法律约束力的国际性约定（表 5-3）。在《公约》中首次明确指出：儿童有权利参与可能涉及他们生活事务的决策过程，有权利影响事关他们的决定。《公约》中儿童权利基本指导原则包括：非歧视、儿童最佳利益、生活权利、生存与发展、参与。"参与"在《公约》中被定义为：在所有影响儿童的事务中，儿童有自由地表达自己观点的权利。在《公约》的第 12 条中，针对儿童在表达事关他们的议题中的观点的权利进行了解释，指出成人需要尊重儿童的权利，儿童有被咨询的权利，儿童有得到信息，并自由地表达、选择和改变事关他们事务的决策权。

---

① 中国青少年研究中心"亚太地区儿童参与权"课题组，陈晨，陈卫东. 中国
5 城市儿童参与状况调查报告[J]. 中国青年研究，2006（07）：55-60.

表 5-3　联合国儿童权利公约确认儿童参与权

联合国儿童权利公约确认的儿童参与		
下列前 4 条的重点完全放在儿童的参与权利上。另外还增加了 4 条，因为它们也清楚地确认了根据儿童的能力，加强儿童参与的重要性。条款前面的标题是作者加的。 **言论自由** **第 12 条** 1）缔约国应确保有主见的儿童有权对影响到本人的一切事务自由地发表自己的观点。对儿童的观点应根据儿童的年龄和成熟程度给予适当的重视。 2）为此目的，儿童特别应有机会在影响儿童的任何司法和行政诉讼中，以符合国家法律的诉讼规则的方式，直接或通过代表或通过适当机构陈述意见。 **第 13 条** 1）儿童应有自由发表言论的权利；此项权利应包括通过口头、书面或印刷、艺术形式或儿童所选择的任何其他媒介，寻找，接受和传递各种信息和思想的自由，而不论国界。 2）此项权利的行使可受到某些限制约束，但这些限制仅限于法律所规定并为以下目的所必需： a）尊重他人的权利和名誉； b）保护国家安全或维护公共秩序，公共卫生和公共道德。 **思想、信仰和宗教自由** **第 14 条** 1）缔约国尊重儿童的思想、信仰和宗教信仰自由的权利。 2）缔约国尊重儿童父母于适用时尊重法律监护人以下的权利和义务；以符合儿童不同阶段接受能力的方式指导儿童行使其权利。 3）表明个人的宗教或信仰的自由仅受法律所规定并为保护公共安全、公共秩序、公共卫生和公共道德，或他人基本权利和自由所必需的这类限制。	**集会自由** **第 15 条** 1）缔约国确认儿童享有结社自由及和平集会自由的权利。 2）对此项权利的行使不得加以限制，除非符合法律所规定并在民主社会中为国家安全或公共安全、公共秩序、公众健康或公共道德或保护他人的权利和自由所必需。 **获得信息** **第 17 条** 缔约国确认大众传播媒介的重要作用，并应确保儿童能够从多种的国家和国际来源中获得信息和资料，尤其是旨在促进其在社会、精神和道德福祉和身心健康方面的信息和资料。为此目的，缔约国： a）鼓励大众传播媒介本着第 29 条的精神在社会和文化方面传播有益于儿童的信息和资料； b）鼓励在编制、交换和传播来自不同文化、国家和国际来源的这些信息和资料方面进行国际合作； c）鼓励儿童读物的著作和普及； d）鼓励大众传播媒介特别关注属于少数群体或土著居民的儿童在语言方面的需要； e）鼓励根据第 13 条和第 18 条的规定制定适当的准则，保护儿童不受可能损害其福祉的信息和资料之害。 **对残疾儿童的特殊支持** **第 23 条** 1）缔约国确认身心有残疾的儿童应能在确保其尊严、促进其自立、有利于其积极参与社会活动的条件下，享受充实而适当的生活。个人成就和有责任感公民的教育。	**第 29 条** 1）缔约国一致认为教育儿童的目的应是： a）最充分地发展儿童的个性、才智和身心能力。 b）培养对人权和基本自由以及《联合国宪章》所载各项原则的尊重。 c）培养对儿童的父母、儿童自身的文化认同、语言和价值观、儿童居住国家的民族价值观、其原籍以及不同于其本国的文明的尊重； d）培养儿童本着各国人民、族裔、民族和宗教群体以及原为土著居民的人之间谅解、和平、宽容、男女平等和友好的精神，在自由社会里过有责任感的生活； e）培养对自然环境的尊重。 2）对本条或第 28 条任何部分的解释均不得干涉个人或团体建立和指导教育机构的自由，但须始终遵守本条第 1 款所规定的原则，并遵守在这类机构中实行的教育最低限度标准的要求。 **游戏和参与文化生活和艺术生活** **第 31 条** 1）缔约国确认儿童有权享有休息和闲暇，从事儿童年龄相宜的游戏和娱乐活动，以及自由参加文化生活和艺术生活。 2）缔约国应尊重并促进儿童充分参加文化和艺术生活的权利，并应鼓励提供从事文化艺术，娱乐和休闲活动的适当和均等的机会。

从最近三十年国际社会的相关学术研究和时间检验的考察中，儿童的参与作为儿童权利保护的基本内容之一，在《公约》等一系列重要的国际文件中得到反复强调。西方学术界会在 20 世纪 90 年代后期，于这一领域发表的论著量明显增多，是因为以积极肯定儿童的价值和权利为特征的现代儿童发展理论的快速发展。该理论在纠正视儿童为问题人群，以所谓"拯救"或"矫正"姿态面对儿童群体的传统成人社会的价值趋向上发挥了重要作用，同时对促进儿童自身的成长和发展也产生了积极的意义①。参与被认为是一种重要的经历，能够支持儿童能力的发展。可以将儿童通过参与获得的能力定义为三个层次，即个体能力、认知能力和工作能力。个体能力包括个体意识、对新想法的开放性、组织性、动机和责任感；认知能力包括创新、问题解决、实践思考、空间意识、艺术判断、观察和评估；工作能力包括协作、集体主义、组织能力、公民权利和交流。此外，还有一个最重要的能力即自信。

儿童与成年人是完全不同的两个群体。儿童虽所知有限，却拥有令人惊奇的想象力和创造力。随着儿童观的改变，儿童的个体独立性已经得到了广泛的认可。人们试图基于儿童的视角进行规划设计的方法似乎可以再向前大胆地迈进一步，即迈向参与式设计。儿童的参与能够反映儿童自己的声音、自己的视角、自己的想法，能够让游憩空间更加符合使用者的年龄特点，更具发展的适宜性。同时，对于参与设计的儿童而言，整个设计过程实质上是一个学习的过程。参与式设计可以丰富儿童探究现象与解决问题的经验，获得更丰富的与自然融合的场景和与人相处的机会，也能够发展语言表达能力，锻炼合作交流的技能，促进其社会性的发展。在设计过程中，儿童具有相当大的主动权，体验到被赋予权利的感受，有利于他们自信心的培养。此外，儿童参与规划设计与发展，可以增进儿童对风景园林设计、环境艺术设计、建筑设计及相关领域的了解，培养相关兴趣，学习相关专业知识。因此，让儿童参与规划设计对其自身的发展和对游憩空间营建的适宜性都有着重要意义。

① 陆士桢主编. 青少年参与和青年文化的国际视野[M]. 北京:中国国际广播出版社，2008.

5.2.3 基于阶梯模型视角的儿童参与类型

相关研究系统总结了 1969 年至 2013 年涉及公民、青少年儿童和网络的参与模型，其中最为著名的是 Sherry Arnstein（1969）对于公民权参与程度问题提出的阶梯模型。1992 年由 Roger Hart 研究并提出了"儿童参与阶梯（Ladder of children participation）"，基本上清楚地界定了儿童参与的本质，并区分出哪些属于真正的参与，哪些属于非真正的参与（图 5-8）。具体由以下八档阶梯组成：

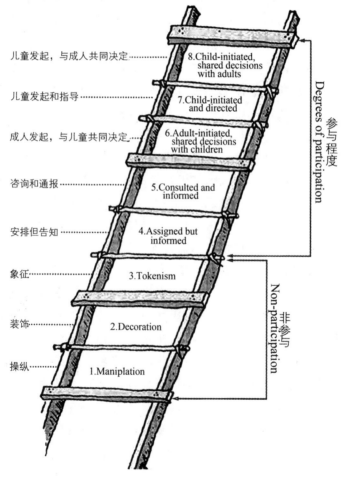

图 5-8　儿童参与阶梯 Roger Hart（1992）

① 操纵（Manipulation），指儿童被操纵。此梯档完全是按照成人意志进行的，儿童对问题全然不知。

② 装饰（Decoration），指儿童作为附属装饰品般参与活动。此梯档儿童有机会参与一些活动，但儿童并不明白参与的目的。

③ 象征（Tokenism），指象征性参与。此梯档成人会询问儿童对某些问题的看法，但对于意见的表达方式及范围等，儿童很少有自由选择的权利。

④ 安排和告知（Assigned but Informed），指成人分配任务给儿童。此梯档在成人决定计划后，让儿童自愿参与，明白该计划的意义。儿童自行决定是否应当参与，并知晓成人为何尊重自己的意见。

⑤ 咨询和通报（Consulted and Informed），指成人提出相关事项，征询儿童意见。此梯档的计划虽然也是由成人设计和推行，但会征询儿童的意见。儿童对程序完全了解，他们的意见获得重视。

⑥ 成人发起，与儿童共同决定（Adult-initiated, shared decisions with children），指成人提出事项并邀请儿童一起做出决定。此梯档由成人出主意，儿童在筹划及实施的每一道程序中均能参与。他们的意见不仅被考虑，而且能参与决定。

⑦ 儿童发起和指导（Child-initiated and directed），指儿童提出事项并做出自己的决定，成人并不参与其中。此梯档由儿童出主意，并决定计划如何实施。成人只是提供帮助，并不参与具体事务。

⑧ 儿童发起，与成人共同决定（Child-initiated, shared decisions with adults），指儿童提出事项，以主体身份邀请成人一起讨论并做出决定。此梯档由儿童出主意，设计计划，邀请成人提供意见、讨论和支持。成人并不参与具体事务，但应提供专业知识供儿童参考。[①]

Roger Hart 的"儿童参与阶梯"模型中的前三个梯档被划分为"非参与"，尽管有时成人也会向儿童了解其想法，但不会告诉儿童其意见对决定产生何种影响。后五个梯档描述的是儿童在活动中的不同参与程度，特别是最后的三档，Roger Hart 用阶梯隐喻描述了儿童参与研究的高层级结构：由成人设计和实施的儿童参与型研究、由儿童和成人共同设计

---

① （英）Roger A. Hart 著；贺纯佩等译. 儿童参与社区环保中儿童的角色与活动方式[M]. 北京：科学出版社. 2000.

和实施的儿童参与型研究、由儿童设计和实施的研究[①]。

Phil Treseder（1997）根据儿童的参与程度将参与活动分成五种类型（图 5-9），它们分别是：

① 安排但告知（Assigned but informed），成人决定项目，儿童自愿参加。儿童了解项目，他们知道谁决定让他们参与其中，以及为什么参与。成人尊重儿童的观点。

② 商议并告知（Consulted and informed），该项目旨在通过成人运行，但须与儿童进行协商。儿童对过程有充分的理解，他们的意见受到重视。

③ 成人发起，与儿童共同决定（Adult-initiated, shared decisions with children），成人有最初的想法，但儿童参与规划和执行的每个步骤。儿童的观点不仅被考虑，儿童还参与了决策。

④ 儿童发起，与成人共同决定（Child-initiated, shared decisions with adults），儿童有想法，设置项目，并获取成人的建议、讨论和支持。成人不直接执导，但提供他们的专业知识，为儿童考虑。

⑤ 儿童发起，并执导（Child-initiated and directed），儿童有最初的想法，并决定该项目是如何进行，成人可参与但不负责[②]。

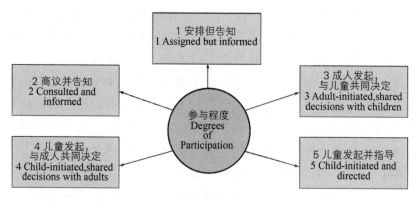

图 5-9　参与程度 Phil Treseder（1997）

① Thomas N. Towards a theory of children's participation[J]. International Journal of Children Rights, 2007, 15(2): 199-205.
② Treseder P. Empowering Children and Young People. Training Manual: Promoting involvement in decision making[J]. Children's Rights Office and Save the Children, 1997.

随后，Clare Lardner（2001）借鉴了 Phil Treseder 的五维度参与和 David Hodgson 的青年参与的五个条件，制定一个网格模型，可以为参与的授权程度的分析与评估提供不同的途径和方法。Adam Fletcher（2003）基于授权与志愿服务在社区的经验，提出了一个八个梯档的志愿者参与阶梯模型（图 5-10）。Derek Wenmoth（2006）从动机、行为、结果三个层面思考，开发了一个 4 Cs（Consumer Commenter Contributor Commentator）模型图来捕捉人们如何参与在线社区。Tim Davies（2009）多年来使用参与矩阵模型，验证了该矩阵对于鼓励组织去考虑是否为年轻人提供了一个参与机会的传播是特别有用的。Charlene Li 和 Bernoff Josh（2010）根据最近研究进展，修订了他们于 2007 年开发的在线参与阶梯，Shier et al.（2013）提出了阴阳模型等。

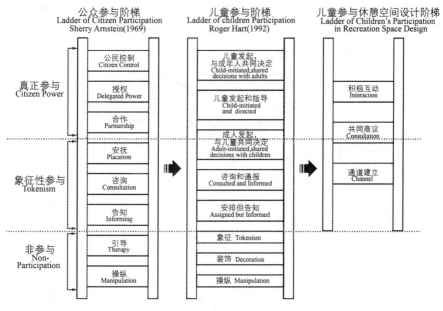

图 5-10　建构儿童参与设计行动阶梯模型

上述儿童参与的类型研究的基本出发点有两个：一是发端于 Arnstein 的"公众参与阶梯（A Ladder of Citizen Participation）"学说；二是西方社会的普遍人权运动在世界范围内的推衍。其思考着力点则是仿效 Arnstein 对于有权者和无权者在公民权参与问题上的关系的研究，从儿童和成人的关系入手寻找建构儿童参与理论的突破口。在此需要指出的是，公众参与是公民权利的一个明确的术语，Arnstein 的理论是基于个人实践和美国开展公众参与经验的分析。很多对"公众参与阶梯"理论的价值判断也是由此得出，其在不同国家和不同社会形态下的普适性程度有待进一步研究。

基于我国特殊的文化背景和社会发展历程，儿童参与游憩空间设计的应用类型，应依循实际情况、时间限制等因素加以考虑。就使用者在设计过程的参与类型程度，简化 Hart 的"儿童参与阶梯"，提出从"通道建立 Channel"→"共同商议 Consultation"→"积极互动 Interaction"三个层次的参与程度逐级递增的阶梯模型（图 5-11）。简化并不代表简单，简化是基于我国实际情况而考虑的。我国目前还处于儿童参与的起步阶段，过于分门别类地细化参与程度，反而不利于儿童参与式行动的发展。况且，这里划分的三个层次已经能很好地涵盖我国现阶段儿童参与设计行动希望达到的程度。

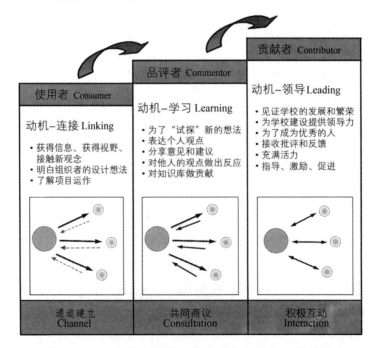

图 5-11　三个层次阶梯中儿童参与的角色及其作用

儿童参与不同程度的控制表示在"儿童参与游憩空间设计阶梯"的三个梯档上，梯档越高，参与程度越高。参与程度是一个连续的过程，每个参与程度可能都是合理的，这要视决策结果而定。儿童参与的所有层次只可能在一定环境下，针对特定利益相关者时才是合适的。在组织任何形式的儿童参与过程前，必须花时间去分析和计划各种工具策略。因此，每种儿童参与的方法可能只对某些特定的情况适用。在选择方法时，组织者希望通过儿童参与达到的目标是一个需要重点考虑的事项。

分析"儿童参与游憩空间设计阶梯"，有助于加深对儿童参与设计内涵的理解，辨识出"真正的参与"与"伪参与"。在儿童参与设计过程中，参与不等于真正的完全参与。伪参与大概分为两类。一类是指儿童被动参与形式，在这种情况下，设计项目仍然是在设计师、精英组织的掌控之中，或者儿童参与停留在"听"和"看"的层面，例如通过成果公示、设计方案展览等。儿童被动接收这些信息，但接收程度如何，比如知道这些构想和设计可以为他们做什么，却无从得知。第二类伪参与是"操纵或装饰参与"，笔者在 2016 年的一天用百度搜索引擎搜索"儿童参与"时，毫不意外地得到近 543 万项查询结果，似乎展示了我国在儿童参与方面取得的"巨大成就"。但只需稍做甄别，便可看到，当被询问到项目的儿童参与状况时，组织者、领导们往往会把儿童的"出席"称为"参与"，而这些儿童甚至不知道活动项目的目标人群和受益者就是他们自己。儿童们在项目的开工仪式上表演节目，在落成典礼上鼓掌庆祝，他们确确实实来了，可这并非真正意义上的参与。

分析"儿童参与游憩空间设计阶梯"，有助于明确参与程度的问题。基于儿童的参与角色、参与动机和参与发展，结合儿童与成人之间的关系，建立"通道建立 Channel"→"共同商议 Consultation"→"积极互动 Interaction"三个层次参与程度逐级递增的阶梯模型，递进层次具有包容关系，上一层次具有下层的相关特征。

① 在最低层次阶梯"通道建立 Channel"中，儿童作为使用者，成人主导通道连接：a. 成人通过成果公示、设计方案展览向儿童传递结果信息；b. 成人作为旁观者通过观察记录（行为地图等）了解儿童环境使用的行为（规律）；c. 有的参与设计过程中，儿童有与成人建立连接的动

机，为我们提供了解儿童观点、愿望和兴趣的机会，但参与的意义不止于此。

② 第二层次阶梯"共同商议 Consultation"，儿童作为品评者，为了实现真正的参与式设计，还必须使儿童的观点和愿望能够得到表达，并且对决定项目目标和行动产生影响，成为项目决策和实施过程的主体。

③ 第三层次阶梯"积极互动 Interaction"，儿童作为贡献者，儿童在整个设计过程中有一定的控制力，相当于部分赋权，通过双方的交互，只有当儿童与组织者（设计师、项目执行者等，有时甚至就是儿童本身）在项目全过程式设计周期内，在互相尊重的气氛中共同工作时，才可以说真正实现了完全参与。

分析"儿童参与游憩空间设计阶梯"，有助于认清实际操作层面的现实困难。参与程度的问题，有其存在的条件，因涉及层面不同或项目建设背景情况不同而有所区别。真正的参与涉及合作伙伴关系、权利的委托、利益的分享、责任与承诺、机制发展、能力建设等。在儿童参与设计过程中，项目要因不同的目的、利益相关者的需要、可行性和有效性等原则选取不同的参与程度和方法。在实际工作中，测量和衡量参与程度与是否实现真正的儿童参与同样困难。项目完成时，是否实现了儿童参与并不总是立刻就能显示出来的。项目从始至终一直存在着儿童参与可能会被曲解为利益相关者的一次集会，或是一次工作坊（workshop），抑或是一次咨询活动。有时会把儿童参与本身就当成目的，而不是获取特定结果的过程。儿童参与不仅仅是聚会、协商和活动，它要求的是行动（Action），通过行动达成目的（Purpose）。在此需要强调的是儿童"主动行动"，能够包含预期内容并实现计划结果的行动，也要有设计的实施、检测与评估等内容。由此可见，组织者（设计者、项目执行者、精英阶层等）可以宣称儿童参与对他们的工作至关重要，他们实现了"有儿童参与设计"的目标，但要实现儿童真正参与的设计（参与式设计），并不如想象般那么容易。

5.3 其他利益相关者

5.3.1 业　　主

业主是项目的投资人或所有者，是最终决策者，是项目的法人，其他所有的主要利益相关者都是围绕项目为业主服务的。业主在项目建设中扮演着非常重要的角色：

① 业主是建设项目的使用者或所提供的服务对象，是最重要的确认者。评判项目的成功与否最关键的因素是最终效果是否满足业主的需求，即业主是否认为在适当的时间内、以适当的成本提供了适当质量的产品或服务。

② 业主是项目赖以存在和继续实施的最根本的基础和重要的配合者。没有业主的关心和配合，再好的项目方案也是无法保证实现的。

③ 业主是项目建设过程中的主要信息和主要约束条件提供者。业主不仅通过项目计划提供关键信息，同时也为项目的完成时间、质量和成本提供了约束目标。

④ 业主是项目变动提出者之一和最终的决策者。一方面，在建设过程中业主经常会提出变更要求（一般是范围变更要求）；另一方面，设计人员根据实施过程中具体情况所提出的变更要求，由此引起的成本、进度等的变动都需得到业主的确认，对建设决策有最后的否决权。

国内的业主主要分为政府和大中小各级国有单位、企业单位和房地产商、私人等三大类：

① 政府和大中小各级国有单位（视情况不同会成立永久或临时的基建部门）。在我国，由于政府投资占基本建设的 70%～80%，大型工程主要是由各级政府和国营单位组织建设的，因此这类业主在国内占了绝大部分。

② 企业单位和房地产商。近年来房地产的异军突起，知名的有如"万科""万达""恒大""绿地""保利""中海""碧桂园""华润""龙湖""富力"等地产企业，除此之外，还有许多不知名的小房地产企业，他们

在与市场长期博弈中，对市场有着深刻的理解，对使用功能非常重视，并形成了一套自己的设计理念与品牌。目前这类业主在我国占有一定份额，由于风险和利益共存，法定代表人有着最后的话语权。另外由于他们以追求利润的最大化为目标，因此常常会要求设计师随着市场的需求不断地进行修改和调整设计。

③ 私人。私人住宅或别墅的业主，主要集中在广大的农村和城市郊区。此类项目面积小、投资少、设计难度大而收费又非常低，致使很多建筑设计师不愿涉足。目前，这类成熟的业主在我国还比较少，他们基本是凭经验和参考别人图纸来进行设计运作。

公园城市儿童游憩空间的业主主要是前两类，其所代表的使用对象是抽象的，其对设计的话语权也掌握在最高的行政长官或法定代表人手上。他们往往不是项目的最终投资所有者、使用者，即终端业主，而是受终端业主的直接或间接委托，因此设计师只能以专业抽象的人（统计人、模数人）的各种功能要求为依据进行设计。

5.3.2　政府主管部门

政府部门是项目建设行政管理和品质监管的执法者，在建设项目中起协调、组织、服务和监督的作用。其采用行政审批的手段分行业、分阶段和分节点地进行控制，使项目符合社会公共利益，并与国家的目标、政策和立法相一致，主要强调的是对环境保护、生产安全、工程质量等涉及第三方或公众生命及财产安全的事务的监管。

政府建设主管部门对建设项目的控制监督包含宏观和微观两个层次。在宏观层次上主要有两个：

① 政府建设主管部门将通过法律、行政和经济手段规范和监管项目市场，形成有序的建设生产和流通过程，确保行业的良性发展；

② 以行政命令直接参与设计行业和建设企业等工程从而进行参与各方的管理，包括制定行业政策和管理办法、单位资质审查、评优、合同审查、行业管理协会等。

政府建设主管部门在微观层次主要是对具体建设项目进行分阶段、

分节点的监督检查：

①　在项目可行阶段利用政府在城市规划、报建信息、各种法规等公共信息上的优势为社会提供服务，同时核发《建设项目选址意见书》《建设用地规划许可证》和《项目可行性报告》等批文，为设计阶段做充分的准备。

②　在设计阶段，行政主管部门进行方案、扩初和施工图三次审查，以便及时纠正问题和避免浪费。在方案设计审查中，重点对方案是否满足规划和城市设计要求，是否符合社会公共利益，造型是否新颖等进行审查，并出具审批意见；在初步设计、施工图设计审查中，重点审查有关结构安全、消防方面的内容，包括地基的承载情况、结构受力分析和计算，由审查单位出具设计文件审查报告。

③　在施工阶段，政府建设主管部门通过开工许可、中间验收和投入使用许可等阶段性的控制，对工程参建各方的主体质量行为进行监督管理（包括对监理单位、供应商、承建商和建设单位的监督管理），同时对工程结构部位进行巡回抽查和重点监督。施工过程结束后，审查机构出具关于结构安全的报告。整个工程完工后，建设单位组织验收，政府要对是否符合验收程序进行监督，最后由政府出具使用许可证。

④　在项目完成以后，建设主管部门组织建设评奖活动，以鼓励参建各方为建设做出的努力。

5.3.3　施工单位

施工单位又称承建商、承包商，是项目的具体实施者，工作在建设的第一线，与市场和社会需求有着最直接的联系。如果说设计师要解决"建设什么样的环境景观"的问题，施工单位就是解决"怎么建出来"的问题，工作质量的好坏直接关系到项目的整体效果、工程质量的优良程度和工程进度等。

施工单位是集管理、技术与劳动密集于一体的经营组织。我国实行国有施工企业挂靠制度，采用的是管理层和劳务层分离的基本模式，其中还有中国特色的长期默认的不具合法地位的"包工头"制度。国有企业主要从事总承包或者专业分包，"包工头"挂靠国有施工企业，利用该企业的资质承接工程。国有企业主要在工程建设过程中进行技术指导和项目管理，从中收取一定的管理费，而"包工头"拥有丰富廉价的农民工劳动力，利用承包价格和农民工工资之间差额获得一定的利润。

目前国内的这种挂靠制度和"包工头"制度，造成承包商内各方的责权利分离。由于项目建设的好坏与"包工头"没有直接的利益关系，下一次投标它又可以挂靠另一个单位。这使得大多数承包商（包括包工头和农民工等）都是采用粗放经营的非可持续发展模式，以短期的经济利益为目标，从而导致在建设中不能发挥有效的主观能动性，在建设目标和工程质量上只求合格，不求卓越，这也是造就建设施工粗糙的根本原因。

随着市场经济的深入和国家政府的扶持，一部分已经成长壮大的包工头施工队也开始走向规范化发展的轨道，登记注册成民营建设企业，同时也取得了相应的资质等级，逐步成为施工领域名正言顺的"生力军"。未来施工单位的结构组成和管理机制将越来越规范，不同承包商之间的竞争与合作将带动行业工人技术水平的提高，促进企业的技术和管理的更新，以及施工精细纯等的发展。

5.3.4　设备/材料供应商

供应商是建设所需材料及设备的供应者，是项目建设过程中的重要合作伙伴，提供的材料和设备的好坏直接影响到建设项目最终的质量、效果和使用。一般来说，材料及设备采购费占整个项目开发总成本的20%~30%，这部分费用的有效控制对项目整体开发成本的管控具有重要作用。同时，材料及设备的供货周期对于项目的工期控制，其品质及售后服务对项目的质量控制也都有着重要的影响。供应商参与工程项目一般有两种途径：

① 在招标中确定了材料价格，然后由施工单位作为总承包确定供应商。虽然这在一定程度上减少了业主的管理协调难度，但是这也同时将主动权推向施工单位的手中。为了追求利润的最大化，有些施工单位尽量压低材料设备价格，另外在招标中，设计文件很难全面准确地阐述材料的具体指标，存在一些技术盲点。因此，有的施工单位就会采用偷梁换柱、移花接木的手段，以降低施工成本。这样业主失去了对材料的控制，从而造成项目质量的下降和维修成本的增加。

② 以业主为主，通过商业谈判确定供应商。虽然这种方式业主的管理成本有所增加，但是它可以缩短供货渠道，把材料控制在合理价格范围之内，从而提高了项目建设的总体质量。

第一种途径施工单位和供应商会尽量避开设计师，而第二种途径业主和供应商都需要设计人员强大的技术支撑，增加了设计人员的发言权和责任感，但同时也增加了业主和设计人员的工作量和协调难度。

5.3.5 监理单位

监理是受业主委托，依据工程建设合同对工程建设项目实施进行科学管理的专业咨询服务机构。为了有效地对工程项目实施监理，监理委托合同赋予监理工程师一定的权利，其中包括质量否决权、进度控制权、计量支付权和争端调解权。另外，业主视工程实际需要还可能委托其他一些特殊的权利。

在我国的质量管理体系中，监理企业为相对独立的社会化力量。它受业主委托，应该忠实地为业主服务，同时监理工程师又是建设合同公证、独立的第三方，必须坚持公平、公正和诚信的原则。依据建设管理的有关规定，监理单位应公正、独立、自主地开展监理工作，维护业主和施工单位的合法权益。

监理是一项技术密集型的高智能的服务工作，监理人员光有专业知识是远不够的，还必须同时具备管理和协调能力。业主和承包商之间的经济利益是对立的，使得作为第三方的监理方必须运用协调的手段化解矛盾，使项目顺利实施。监理单位在工程监理合同授权的范围内，应充分发挥其组织协调的作用，促进项目法人和承包商以合同为依据，以提高工程建设质量和效益为目的，进行科学的工程建设管理，从而树立并形成相互制约、相互协作、相互促进的工程建设管理理念，以确保工程建设项目的顺利实施和完成。

5.3.6 专 家

专家是受业主或政府部门的聘请，根据自身工作的经验，提供设计与建设咨询工作的重要社会技术力量。专家一般都是各自领域的学术权威人士，他们利用自身丰富的理论知识和成熟的实践经验，为业主进言献策，为政府部门的审批工作提供技术支持，以确保建设项目的顺利实施和减少不必要的损失。他们更侧重于对项目的大方向的把握和重大技术问题的处理等。

一般在项目过程的各个节点上都会出现专家的身影，特别是在方案投标阶段，他们的作用和责任显得尤为重要。不同的专家有不同的价值取向，选用不同的专家，投标的结果可能会完全不同，即专家的价值取向就成了选择方案的关键。

对于参与式项目而言，如果各个阶段不能有效前后协调起来，就会造成很多困难，设计与施工会产生脱节现象，因此除了专业间的全过程协同外，还应该积极推行全过程的专家顾问模式。例如面对参与式项目的复杂系统性，设计有很多方面不一定有很明确的规定、导则等，这便需要工程技术专家在全过程顾问工作中协助把规范确定下来，从而更有效地推进设计并实施。

如图 5-12 所示，如果在项目策划阶段，专家便结合以往的工程经验提出对调研报告的建设性意见和补充调研的相关要求，这就会对后续的设计产生很好的影响。因为场地调研很多时候是需要调研人员带着设备到现场花大量时间完成的，如果能够前期考虑更加周到和详细，能节省大量的人工、周期和成本。在方案设计阶段，从顾问专家的角度要分析设计方案对原环境的影响，从而提出设计中的难点、处理原则及具体措施。需要强调的是要进行不同设计方案的比较，从技术经济社会等多角度综合考虑，对设计方案成本、可行性、可持续发展需要有一个明确的建议。设计师一旦开始天马行空的创想，往往会对项目难度的认识、约束性条件的认知不明确。所以，专家必须提出一些涉及方案实施可行性原则方面的限制条件，给设计师一个明确的反馈。在初步设计阶段，专家应该协助政府组织召开项目专家论证会，完成工程技术方案论证，景观工程特殊部位分析和比较，审核初步设计图纸对场地设计、结构布置、典型游戏设施及构件做法提供建议。施工设计阶段，提供典型节点做法大样图，完成施工图纸审核，协助业主完成施工单位的招选，并协助设计单位完成与施工单位的技术交底。设计师应该积极借助专家论证完善方案，争取更多更有效的设计条件。

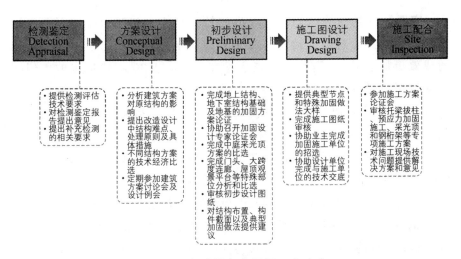

图 5-12 全过程专家顾问工作内容

5.4 实践社群与多元伙伴合作

公园城市儿童游憩空间参与式设计涉及的利益相关者众多，会不会因此造成设计过程冗长，从而影响设计师的设计创新呢？针对该疑虑，在此引入实践社群理论（Communities of Practice，COP），简要探讨如何促成参与式设计行动的有效实施（图 5-13）。

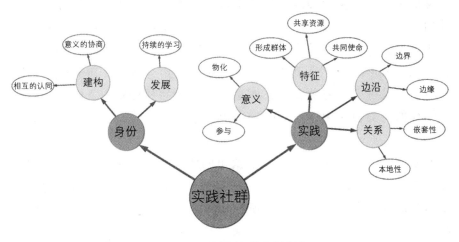

图 5-13 实践社群分析框架

实践社群是一种以知识为基础的社会结构，与知识管理存在本质上的联系，其能有效支持知识分享和组织学习，进而让组织知识管理的成效更加显著[①]。实践社群概念是在 20 世纪 90 年代提出的，但实践社群可以说是自人类远古时代以来就已经存在了。当人类远祖还生活在洞穴中时，他们就围在篝火边讨论如何猎取食物和如何抵御外敌，通过彼此互动的谈话与交流，分享着最有价值的信息技能和知识，同时也可以发掘出其他人的新观点与想法，促进知识的不断更新与持续学习。这其实就是今天的实践社群的雏形，也是第一个基于知识的组织形式，其在人类进步和知识传承的历史进程中发挥了重要的作用。时至今日，实践社群已经发展成为相对成熟的理论。Lave 与 Wenger 合写的 *Situated Learning: Legitimate Peripheral Participation* 一文中，就引进"实践社群"这一概念对情境学习（Situated Learning）进行解释。它将学习与工作融为一体，大大提高组织的学习效率与效果，特别是对隐性知识的学习和利用。因此，实践社群所带来的企业效率与竞争优势吸引了一大批国际性企业的目光，许多组织相继推动自身实践社群的形成与发展。1998 年 Wenger 在其专著《实践社群：学习、意义和身份》（*Communities of Practice: Learning, Meaning and Identity*）中，系统阐述了实践与社群的关系，学习与时间的关系，以及身份是如何在参与实践社群中构建起来的。随着社交网络和学习工具的拓展，学习实践社群逐步从界于社群与组织之间的结合方式，演变为联结组织内员工以及员工与组织外部专业人士之间的跨组织的非正式学习形式。在公园城市儿童游憩空间参与式设计研究中，实践社群不仅是一个研究的实体，更是一个有效的分析框架，用来分析在群体性的行为模式中，人们的知识生产、交流、传递、利用、创新等问题。

对于"合作"一词，《辞海》给出的解释是"合作是社会互动的一种方式"。其指的是个人或群体为达到某一确定目标，彼此通过协调作用而形成的联合行动。参与者须有共同的目标、相近的认识、协调的

---

① 吴丙山，张卫国，罗军. 实践社群中的知识管理研究[J]. 西南大学学报（社会科学版），2012（01）：160-166.

活动和一定的信用，才能使合作达到预期的效果。针对公园城市儿童游憩空间参与式设计，走伙伴合作之路是非常重要和紧迫的。在设计师的引领和指导下，利益相关者建立有效协调的合作共同体，为成员创设共同学习和相互借鉴的平台，让每个成员的隐性知识和能力在合作群体中得以显现，同时也让合作成员间通过对问题的探究迸发出智慧的火花，点亮彼此间的思维空间，这便是参与式设计走伙伴合作之路的初衷。

基于参与式设计中，在利益相关者的多元合作伙伴关系下确立的相关实践社群发展主要有两条主线。其一，共同的实践要求形成一个社群，其成员需要相互参与到对方的行动中去，并彼此认同作为共同的参与者。因此，实践社群中的实践就发展出多种特性以促进这种相互的参与，比如一些基本的条件、相互的关系等。其二，作为社群的参与者个人之间不同的观念、专长、认知方式会互相影响，同时在社群中个体的参与者自身要寻求其正常的发展并协调与社群整体的关系。因此，在实践社群中参与者就体现出强烈的身份认同与个体发展的需要。

实践社群中身份的构建也包括两个方面。其一，相互的认同；其二，意义的协调。针对儿童游憩空间参与式设计中的核心利益群体——"儿童"（图5-14），认同本质上要求儿童在参与实践的过程中，有机会表明自己能够胜任这项实践，并在这一过程中能有效地与其他成员进行交流沟通与分享资源。而由众人共同参与的实践活动必然要遇到一个多人协调的问题。Wenger指出"建立一种身份的过程，是对我们作为社会群体中的一员的经验进行意义协商的过程"。意义协商主要有三种形式，即自我协商、互动协商和过程协商。在参与式设计行动中，这三种形式的意义协商都会发生。作为成员身份构建环节之一的意义协商，通过这三种形式的协商充分表明了各方异质性的参与者不同的自我认知（自我协商），对别人的理解（互动协商），以及对于整个实践活动的不同理解（过程协商），由此形成了参与各利益相关者特别是儿童在实践社群特定活动中的身份。

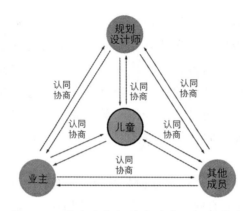

图 5-14 儿童参与设计实践中认同与协商

共同愿景对实践社群的多元合作伙伴是至关重要的，因为它为儿童游憩空间提供了设计的焦点和能量。此外，实践社群本身随着多元伙伴合作的深入开展，有一个从潜在期、结合期、成熟期、活跃期再到分化期的过程（图 5-15）。在不同的过程中，社群内会包含很多种不同参与水平的参与者。若以交响乐来比喻成功的实践社群组织与多元伙伴合作关系，让大家各尽所能却齐声和鸣的乐谱正是公园城市儿童游憩空间参与式设计的共同愿景。

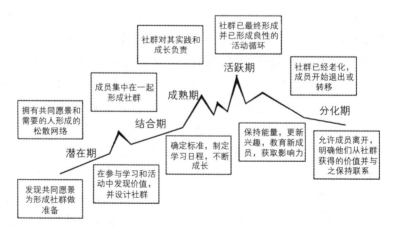

图 5-15 实践社群发展阶段

PART SIX

第 6 章

趋势与展望

6.1 系统认知

一代人有一代人的使命，一座城市有一座城市的担当。我们用 70 年时间走过西方国家 300 年发展历程，快速城镇化背后，积累了各种突出的城市问题。我们希冀城市环境变得更有韧性，成为一个适合所有人生活得更好的地方，希望能营造安全、健康、人性化的儿童游憩空间。儿童游憩空间是公园城市人居环境复杂巨系统的一个有机组成部分，自身也是生态系统的载体，是生命的支持系统，应该把人与其他自然过程统一考虑，从生命和人的需求来认识儿童游憩空间的可持续发展，强调其系统性与整体性。儿童游憩空间参与式设计绝不是单一学科的理论和知识的运用，而是自然科学、社会科学、艺术与哲学之间的相互碰撞以致融合，是一项复杂的综合实践系统工程，并且营建一个良好的儿童游憩空间需要有好的设计方案、策划、施工、管理等来保证。总之，儿童游憩空间参与式设计需要借助系统科学观作为其哲学思维基础，以更好地解决设计实践相关问题，促进公园城市建设"人—城—境—业"有机融合，为未来城市儿童游憩空间的发展提供新的样板与路径。

6.2 以境为教

"天人相应，道法自然"，根据世界可持续发展先进理念，可持续的儿童游憩环境不仅应具有生命支持功能，保障生物多样性和人类自身的存在和发展；还应具有生态服务功能，诸如调节局部小气候、防风减灾、净化环境等；同时，更应满足人的感知体验需求，成为精神文化的源泉和教育场所等。以境为教重视人的心灵层次的觉悟，以实现可持续环境教育。整体规划设计的景观，只是环境教育的基础，仅具备教育的物质环境意义。结合自然与人文两方面，要发挥"境教"的意义，有赖于使用者的用心体悟。换言之，景观类似物质的部分，不能只着重于造型之美，而应鼓励全民参与改变生活方式、改善及保存环境；其次，要能启发心灵的巧思，能让置身其中的人，心思参透到内涵的境界，领受人文艺术、自然环境的潜移默化。在城市建设进入到愈发重视高质量发展的新阶段，期待在我国公园城市游憩空间的创设中，实现不拘形式的以境为教，通过公园城市理念的性情教化，借着与大自然的亲近返璞归真，感悟天人合一的和谐圆融，使儿童、师生、家庭、社区居民，对自身所处环境和新时代人与自然和谐共生的价值追求有更深的体认。

6.3 公众参与

借用 Sherry Arnstein 在 1969 年提出的公众参与经典模型三段八级的公众参与梯子（A Ladder of Citizen Participation）来衡量，目前笔者调研了解到的参与式设计实践与真正意义上的广泛参与虽然还有一定差距，但就成都公园城市社区微更新而言，很多实践已经远远超越梯子最下的一段"不是参与的参与"（Nonparticipation），来到梯子中段"象征性的参与"（Tokenism）和梯子上段"实质性的参与"（Citizen Power）之间，介于第五级"（出现矛盾后的）安抚"（Placation）和第六级"合作"（Partnership）之间，不是设计乙方简单给社区甲方一个方案征求意见，而是以社区为主，主动提案交居委会争取公众支持，并有一定决策权。社区公共空间与居民生活密切相关，居民参与有需求也有动力。公众参与规划设计将是未来发展的趋势，应加大力度研究如何参与是合理的、科学的和有效的。同时，有计划有组织地培养具有奉献精神、熟悉在地情况、掌握一定专业技能、清楚地方事务和政府运作的参与式规划设计师显得尤为重要。

6.4　儿童参与

自瑞典儿童教育家爱伦·凯（Ellen Key）发出"20 世纪是儿童的世纪"的呼吁之后，世界各国通过儿童权利运动，一直致力于从政策、法律、社会文化等各个层面来尊重和保障儿童的各项权益。联合国《儿童权利公约》的颁布，为儿童参与提供了坚实的国际政治合法性基础。联合国儿童基金会（UNICEF）"儿童友好型城市"（Child Friendly Cities）和联合国教科文组织（UNESCO）"在城市中成长"（Growing Up in Cities）等议题均指向通过儿童参与让城市更加友好和实现可持续发展。应此呼吁，在公园城市建设实践背景下，儿童应有机会在影响其成长发展的游憩空间中，以适当的方式参与设计。更值得一提的是，儿童是成人和社会的一面镜子，看待儿童的事宜，必须清楚地认识儿童与家庭、人、社会和建成环境之间的关系。无论是出于人类普适的社会平等与进步的追求，还是对儿童是能动的文化建构者和社会文化促进者的清楚认识，参与式设计中"儿童参与"这一研究方向对儿童自身和社会发展都大有裨益。本书对以儿童为主导的参与式设计着墨甚少，希望未来研究基于儿童参与设计活动的多样性，补充此领域在理论与实践之间的不足，带来新的思考与知识产生的可能。

[1] 成都市公园城市建设领导小组. 公园城市成都实践[M]. 北京：中国发展出版社，2020.

[2] [加]丹尼尔·亚伦·西尔，[美]特里·尼科尔斯·克拉克著；祁述裕等译. 场景：空间品质如何塑造社会生活[M]. 北京：社会科学文献出版社，2019.

[3] 吴良镛，周干峙，林志群. 我国建设事业的今天和明天[M]. 北京：中国城市出版社，1994.

[4] 吴良镛. 人居环境科学导论[M]. 北京：中国建筑工业出版社，2001.

[5] 吴良镛. 广义建筑学[M]. 北京：清华大学出版社，1989.

[6] 王建国. 城市设计[M]. 南京：东南大学出版社，2001.

[7] 马名驹. 系统观与人类前景[M]. 北京：中国社会科学出版社，1993.

[8] [美]拉兹洛著；闵家胤译. 用系统论的观点看世界[M]. 北京：中国社会科学出版社，1985.

[9] [奥]冯·贝塔朗菲. 一般系统论[M]. 北京：社会科学文献出版社，1987.

[10] 顾基发，唐锡晋. 物理-事理-人理系统方法论：理论与应用[M]. 上海：上海科技教育出版社，2006.

[11] 姜涌. 建筑师职能体系与建造实践[M]. 北京：清华大学出版社，2005.

[12] 郭卫宏. 建筑创作系统论[M]. 广州：华南理工大学出版社，2016.

[13] [美]约翰·O. 西蒙兹著；俞孔坚等译. 景观设计学：场地规划与设计手册[M]. 北京：中国建筑工业出版社，2000.

[14] 刘滨谊. 现代景观规划设计[M]. 南京：东南大学出版社，2010.

[15] 吴承照. 现代城市游憩规划设计理论与方法[M]. 北京：中国建筑工业出版社，1998.

[16] 朱智贤. 儿童心理学[M]. 北京：人民教育出版社，2003.

[17] [瑞士]皮亚杰著；卢濬选译. 皮亚杰教育论著选[M].北京：人民教育出版社，1990.

[18] 叶敬忠，李小云. 社区发展中的儿童参与[M]. 北京：中央编译出版社，2002.

[19] 荆晶. 童之境[M]. 上海：上海远东出版社，2016.

[20] 徐辉等. 国际环境教育的理论与实践[M]. 北京：人民教育出版社，1996.

[21] 祝怀新. 环境教育论[M]. 北京：中国环境科学出版社，2002.

[22] [挪]诺伯舒兹著；施植明译. 场所精神[M]. 武汉：华中科技大学出版社，2010.

[23] [美]克莱尔·库珀·马库斯，[美]卡罗琳·弗朗西斯编著；俞孔坚等译. 人性场所：城市开放空间设计导则[M]. 北京：中国建筑工业出版社，2001.

[24] [美]麦克哈格著；芮经纬译. 设计结合自然[M]. 北京：中国建筑工业出版社，1992.

[25] [美]凯文·林奇；朱琪等译. 总体设计[M]. 南京：江苏科学技术出版社，2016.

[26] [美]柯林·罗，[美]弗瑞德·科特；童明译. 拼贴城市[M]. 北京：中国建筑工业出版社，2003.

[27] 李道增. 环境行为学概论[M]. 北京：清华大学出版社，1999.

[28] [英]卡莫纳. 城市设计的维度：公共场所——城市空间[M]. 南京：江苏科学技术出版社，2005.

[29] [美]克劳夫编著；张平华译. 建筑项目管理[M]. 北京：机械工业出版社，2004.

[30] [美]克里斯·哈里斯著；陈兹勇译. 构建创新团队——培养与整合高绩效创新团队的战略及方法[M]. 北京：经济管理出版社，2005.

[31] [加]帕特里克·麦克纳，[加]戴维·梅斯特著；刘世强译. 专业团队[M]. 北京：中信出版社，2006.

[32] 杨帆. 参与式社群与互动性识知——Web 2.0 数字参考研究范式[M]. 上海：复旦大学出版社，2009：23.

感谢西南交通大学的三位研究生杨智荣、黄昱娴、陈春戎用心参与本书资料收集、整理的相关工作。

感谢蒙彼利埃小学王艺懿小朋友，不仅完成了调研案例的拍照工作，而且参与了麓湖 A4 美术馆小小导览员项目，这也是儿童游憩空间参与式设计研究强调儿童视角的体现。

感谢我的领导和家人所给予的无条件支持和帮助。

谨以此书献给我深爱的女儿和儿子。